普通高等教育计算机系列教材

大学计算机

（Windows 10+WPS Office 2019）

（微课版）

莫海芳　主　编

李　芸　副主编

吴谋硕　张慧丽　赵丹青　参　编

项巧莲　费丽娟

电子工业出版社.

Publishing House of Electronics Industry

北京·BEIJING

内 容 简 介

本书从教学实际需求出发，内容覆盖全国计算机等级考试中的一级考试"计算机基础及 WPS Office 应用"的考试大纲，并结合二级考试"WPS Office 高级应用与设计"的考试大纲，以提高学生的应用能力、培养学生的计算思维为目标，以系统性、实用性和先进性为编写原则，侧重培养学生的创新精神和实践能力。在注重系统性和科学性的基础上重点突出实用性和可操作性，充分考虑大学生的知识结构和学习特点，提供了丰富的实例，可操作性强。

全书共 8 章，主要介绍计算思维、计算机信息数字化、计算机系统、操作系统、WPS 办公软件、Python 程序设计、计算机网络基础、数据库技术应用基础。各章的内容循序渐进，由浅入深，确保基础与提高兼顾。

本书可作为高等院校本科生的计算机基础教材，也可作为参加全国计算机等级考试中的一级考试"计算机基础及 WPS Office 应用"和二级考试"WPS Office 高级应用与设计"的参考书，还可作为计算机基本技能的自学教材。

图书在版编目（CIP）数据

大学计算机：Windows 10+WPS Office 2019：微课版 / 莫海芳主编. —北京：电子工业出版社，2022.8
ISBN 978-7-121-43998-8

Ⅰ. ①大… Ⅱ. ①莫… Ⅲ. ①Windows 操作系统－高等学校－教材②办公自动化－应用软件－高等学校－教材 Ⅳ. ①TP316.7②TP317.1

中国版本图书馆 CIP 数据核字（2022）第 129653 号

责任编辑：徐建军　　　文字编辑：徐云鹏
印　　刷：三河市鑫金马印装有限公司
装　　订：三河市鑫金马印装有限公司
出版发行：电子工业出版社
　　　　　北京市海淀区万寿路 173 信箱　邮编　100036
开　　本：787×1 092　1/16　印张：14　字数：358.4 千字
版　　次：2022 年 8 月第 1 版
印　　次：2024 年 7 月第 4 次印刷
定　　价：49.00 元

凡所购买电子工业出版社图书有缺损问题，请向购买书店调换。若书店售缺，请与本社发行部联系，联系及邮购电话：（010）88254888，88258888。

质量投诉请发邮件至 zlts@phei.com.cn，盗版侵权举报请发邮件至 dbqq@phei.com.cn。

本书咨询联系方式：（010）88254570，xujj@phei.com.cn。

前言
Preface

本书内容覆盖全国计算机等级考试中的一级考试"计算机基础及 WPS Office 应用"的考试大纲，并结合二级考试"WPS Office 高级应用与设计"的考试大纲，内容丰富，覆盖面广。本书以提高学生的应用能力、培养学生的计算思维为目标，以系统性、实用性和先进性为编写原则，图文并茂，可读性很强。书本内容既注重基础理论，又反映信息技术的最新成果和发展趋势。各章的内容根据学生的知识结构和计算机应用基础课程的特点，引导学生在学习过程中掌握规律，培养其自学能力。

本书在编写时充分考虑大学生的知识结构和学习特点，教学内容重点突出，提供丰富的实例，步骤清晰，可操作性强。各章的内容循序渐进、由浅入深，确保基础与提高兼顾。这不仅有利于学生掌握知识，而且有利于教师根据不同的学生安排不同的教学任务。

本书编写人员长期工作在教学第一线，在教学实践中，非常了解学生在学习过程中常遇到的困难和常犯的错误，书中选择的实例都非常典型，对操作方法和操作步骤的介绍也做到有的放矢。

与本书配套的《大学计算机实践教程（Windows 10+WPS Office 2019）》（主编李作主）一书，包括详尽的动手操作练习内容和大量的上机演练习题。

本书由中南民族大学的教师组织编写，由莫海芳担任主编并统稿，李芸担任副主编。李芸编写第 1 章，赵丹青编写第 2 章，莫海芳编写第 3、第 5 章，张慧丽编写第 4 章，项巧莲编写第 6 章，吴谋硕编写第 7 章，费丽娟编写第 8 章。本书由中南民族大学本科教材建设项目资助，同时，中南民族大学"计算机公共课教学平台"的教师对本书提出了很多宝贵意见，在此表示感谢。

为了方便教师教学，本书配有电子教学课件及相关资源，请有此需要的教师登录华信教育资源网（www.hxedu.com.cn）注册后免费进行下载，如有问题可在网站留言板留言或与电子工业出版社联系（E-mail:hxedu@phei.com.cn）。

由于编者水平有限，编写时间仓促，书中难免有疏漏和不足之处，恳请广大读者批评指正。

编　者

目 录
Contents

第1章

计算思维

从古至今，对计算的需要无所不在，人类一直在不断地创造和改进计算工具。在计算思维领域中获得的显著成果就是电子计算机的创造，电子计算机的使用早已紧密而广泛地深入到社会的方方面面。计算与计算设备的应用与发展是人类社会发展的必然产物，而电子计算机的诞生与发展的每一阶段都展现出计算思维的影响和作用。本章首先介绍计算设备的发展历程，使读者初步了解计算机，并掌握计算机的基本特点和分类，接着介绍近年来计算机相关应用领域的新技术，最后介绍计算思维的概念和在本学科学习中引入计算思维的意义。

1.1 计算机的产生与发展

1.1.1 计算与计算工具

实际上，人类最早的计算工具是手指，这也是"digit"这个在计算机世界中耳熟能详的用来表示"数字"的单词的本意。早期的计算工具中以算盘最具代表性，然而它可以进行的运算有较大局限性。在计算科学和制造手段的发展和促进下，计算机经历了机械式计算机、机电式计算机和电子计算机三代演变，最终在冯·诺依曼体系结构下迎来了今日的辉煌。

世界上第一台机械式加法器是由法国人帕斯卡于1642年设计制造的，如图1-1所示。这台加法器利用齿轮传动原理，通过手工操作来实现加、减运算。虽然这台加法器无法满足当时的计算需要，但它解决了"自动进位"这一关键难题，而且向人们揭示：用一种纯粹机械的装置来代替人们的思考和记忆是完全可以做到的。

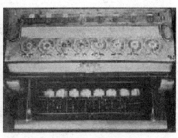

图 1-1　帕斯卡及其设计的加法器

时隔 32 年后，德国数学家和哲学家莱布尼茨利用帕斯卡加法器的基本原理，于 1674 年设计并在法国物理学家马略特（Edme Mariotte）的帮助下制造出乘法自动计算机，如图 1-2 所示。莱布尼茨增添了一种名叫"步进轮"的装置，不仅能连续重复地做加减运算，在转动手柄的过程中，还能将这种重复加减运算转变为乘除运算，为后人设计更强大的计算机奠定了坚实的基础。

图 1-2　乘法自动计算机

工业时代出现了蒸汽机和各种机械装置，在这样的环境下，英国数学家、机械工程师及科学管理的先驱查尔斯·巴贝奇在 1822 年设计了一台差分机，如图 1-3 所示，利用该机器代替人来编制数表。1834 年，巴贝奇在差分机的基础上又做了较大改进，完成了既能进行数字运算，又能进行逻辑运算的分析机的设计方案。尤为可贵的是，分析机的设计思想已具有现代计算机的概念。例如，把数据记录在卡片上，在卡片的不同位置上打孔，代表不同的数字，然后把打孔卡送入分析机进行运算。要知道，现代计算机在磁碟软盘出现以前，一直使用在纸带上打孔的方式来输入、输出数据。正因为他设想中的计算机概念与现代计算机的特性极其相似，因此，他被后人视作"计算机之父"。

 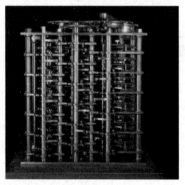

图 1-3　巴贝奇及其设计的差分机

自此，在计算机技术上开始出现两条发展道路，一条是各种台式机械和较大机械式计算机的发展道路；另一条是采用继电器作为计算机电路元件的发展道路。后来建立在电子管和晶体管之类电子元件基础上的电子计算机正是受益于这两条发展道路。

1.1.2　电子计算机的产生

第一次世界大战之后，穿孔卡计算机的制造已发展到相当的规模，不仅可以应对大量财会和统计计算的商业领域的需要，且在一定程度上满足了天文和军事领域的需要。第二次世界大战爆发后，密码破译和弹道计算对精度和速度的高度追求迫切需要功能更强大的计算工具。英国著名的数学、逻辑学家和密码学家阿兰·麦席森·图灵（1912—1954 年）在 1936 年发表了一篇划时代的重要论文《可计算数字及其在判断性问题中的应用》，在其中提出了一种抽象的计算模型——图灵机，如图 1-4 所示。图灵机可以看作是一个虚拟的计算机，它完全忽略硬件状态，考虑的重点是逻辑结构，完全符合现代通用计算机的最原始的模型。

图 1-4 图灵机模型及图灵

图灵在 1950 年发表的论文《计算机器与智能》中第一次提出"机器思维"的概念，逐条反驳了机器不能思维的论调，由此设计出的"图灵测试"至今仍被作为人工智能的权威判定依据。这篇划时代的论文为这位计算机科学的先驱赢得了"人工智能之父"的桂冠。图灵在"可计算性"问题上的巨大突破，回答了真正意义上的现代计算机制造的可行性，他提出的有限状态自动机，也就是图灵机的概念，影响了其后的整个计算机发展史，对计算机发展做出了重要贡献。

随后，于 1943 年 3 月，由于其高超的数学和密码破译才华，被召至英国工信部工作的图灵开始研制"Collossus"（科洛萨斯，也译作"巨人"）计算机，如图 1-5 所示，以协助盟军破译当时被视为不可打败的德军加密机"Enigma"（恩尼格玛），最终帮助处于劣势的英国军队一举扭转了败局。这台计算机通过光学原理在长条纸带上读取电报原文，经过由 1500 个真空管组成的电路计算，将解密结果输出到电传打字机上。由于第二次世界大战结束后，作为军事秘密的"Collossus"计算机被销毁，其相关档案直至 2015 年解密后才被世人所知，但作为世界上第一台电子计算机，其对现代计算机发展史和第二次世界大战提前结束做出了不可泯灭的伟大贡献。

图 1-5 布莱切利庄园及"Collossus"计算机

英国在计算机方面的领先地位很快被重视计算机技术和产业的美国超越。1944 年，美国麻省理工学院科学家艾肯为了协助海军绘制弹道图，在美国军方和国际商用机器公司（IBM）的赞助下带领团队研制成功了世界上第一台自动数字机电式计算机，它被命名为自动顺序控制计算器 MARK-Ⅰ。1949 年，由于当时电子管技术已取得重大进步，艾肯等人研制出采用电子管的计算机 MARK-Ⅲ，如图 1-6 所示。

图 1-6　采用电子管的计算机 MARK-Ⅲ

然而，艾肯等人制造的这批计算机仅占计算机发展史上短暂的一页。这些机器的典型部件是普通继电器，而继电器开关速度大约是百分之一秒，使运算速度受到限制。由美国主导的电子计算机时代真正到来的标志是于 1946 年 2 月交付使用的"ENIAC"，中文意思是电子数字积分器和计算器。ENIAC 占地面积约 170 平方米，大约使用了 18800 个电子管，10000 只电容，7000 只电阻，7 英里长的铜丝和 5 万个焊头，如图 1-7 和图 1-8 所示。

图 1-7　电子计算机历史上的里程碑"ENIAC"

图 1-8　电子计算机"ENIAC"

这个具有里程碑意义的"庞然大物"采用电子管作为基本元件，每秒可进行 5000 次加减运算，300 次乘法运算以及 100 次除法运算。它重量达 30 吨，耗电高达 140～150 千瓦。尽管拥有如此巨大的身形，但其中的寄存器仅有 20 字节，每个字长十位，采用十进制进行运算，时钟频率为 100kHz。

1.1.3　电子数字计算机的发展

从第一台电子计算机诞生至今的短短数十年来，计算机技术以前所未有的速度迅猛发展。在计算机的发展过程中，电子元器件的发展起着决定性的作用。人们根据计算机所使用的元器件，将计算机的发展过程分成四代。

1. 第一代电子计算机——电子管计算机（1946—1957 年）

第一代电子计算机使用的元器件是电子管，内存储器采用水银延迟线，外存储器采用磁鼓、纸带、卡片等；输入/输出设备落后，主要使用穿孔卡片机；没有系统软件，只能用机器语言或者汇编语言编程。其特点是：运算速度慢，只有几千～几万次/秒；内存容量非常小，仅达到 1 000～4 000 字节；体积大，功耗大，价格昂贵，使用不方便，寿命短。第一代电子计算机主要应用于数值计算领域。

2. 第二代电子计算机——晶体管计算机（1958—1964 年）

第二代电子计算机使用的元器件是晶体管，内存储器采用磁心，外存储器采用磁盘、磁带。计算机的体积缩小、质量变轻、能耗降低、成本下降，计算机的可靠性得到提高，运算速度大幅度提升，可达到每秒几十万次，存储容量增大；同时软件技术也有很大发展，开始有监控程序，出现了高级语言，如 FORTRAN、ALGOL_60、COBOL 等，提高了计算机的工作效率。计算机的应用范围从数值计算扩大到数据处理、工业过程控制等领域。

3. 第三代电子计算机——中、小规模集成电路计算机（1965—1970 年）

第三代电子计算机使用的元器件是小规模集成电路 SSI（Small Scale Integration）和中规模集成电路 MSI（Medium Scale Integration），内存储器采用半导体存储器。集成电路是用特殊工艺将大量的晶体管和电子线路组合在一块硅晶片上，故又称芯片。集成电路计算机的体积、质量、功耗进一步减小，运算速度提高到每秒几十万次至几百万次，可靠性得到进一步提高。同时软件技术进一步发展，出现了功能完备的操作系统，结构化、模块化的程序设计思想被提出，而且出现了结构化的程序设计语言 Pascal。计算机的应用领域和普及程度迅速扩大。

4. 第四代电子计算机——大规模、超大规模集成电路计算机（1971 年至今）

第四代电子计算机使用的元器件是大规模集成电路和超大规模集成电路。内存储器使用大容量的半导体存储器；外存储器的存储容量和存储速度都大幅度提升，使用磁盘、磁带和光盘等存储设备；各种使用方便的输入/输出设备相继出现。计算机的运算速度可达每秒几百万次至上亿次，而其体积、质量和功耗则进一步减小，计算机的性能价格比基本上以每 18 个月翻一番的速度上升，此即著名的摩尔定律。在软件技术上，操作系统的功能进一步完善，出现了并行处理、多机系统、分布式计算机系统和计算机网络系统。计算机的应用已经深入社会的各行各业中。

值得注意的是，微型计算机也是这个阶段的发展产物。1971 年，美国 Intel 公司成功研制出世界上第一台微型计算机，它把计算机的运算器和控制器集成在一块芯片上组成微处理器（MPU），然后通过总线连接计算机的各个部件，组成第一台 4 位的微型计算机，从而拉开了微型计算机发展的序幕。1980 年，IBM 公司与微软公司合作，为微型计算机配置了专门的操作系统；1981 年，使用 Intel 微处理芯片和微软操作系统的 IBM PC 诞生，此后一系列类似的产品陆续问世。时至今日，微型计算机的速度越来越快，容量越来越大，性能越来越强，不仅能处理数值、文本信息，还能处理图形、图像、音频、视频等信息。操作系统功能完善，开发工具和高级语言众多、功能强大，开发出各种各样方便实用的应用软件，加上通信技术、计算机网络技术和多媒体技术的飞速发展，使得计算机已成为社会生活中不可缺少的工具。

计算机的发展阶段如表 1-1 所示。

表 1-1　计算机的发展阶段

代别	起止年份	所用电子元器件	数据处理方式	运算速度	应用领域
一	1946—1957 年	电子管	汇编语言、代码程序	几千～几万次/秒	国防及高科技
二	1958—1964 年	晶体管	高级程序设计语言	几万～几十万次/秒	工程设计、数据处理
三	1965—1970 年	中、小规模集成电路	结构化、模块化程序设计、实时处理	几十万～几百万次/秒	工业控制、数据处理
四	1971 年至今	大规模和超大规模集成电路	分时、实时数据处理、计算机网络	几百万～上亿条指令/秒	工业、生活等各方面

1.2　计算机发展的新技术

由于计算机具有运算速度快、计算精度高、记忆能力强、高度自动化等特点，计算机的应用已经深入到社会生活实践的各个领域，如科学计算、数据处理、计算机辅助系统、人工智能、电子商务和电子政务等。与此同时，其应用领域和技术深度也在不断持续发展之中。跨入 21 世纪，知识经济、信息时代的脚步声已清晰可闻，新兴的计算机技术的发展更是一日千里。

1.2.1　人工智能

人工智能技术是继蒸汽机、电力、互联网科技之后最有可能带来一次产业革命浪潮的技术。在爆炸式的数据积累、基于神经网络模型的新型算法与更加强大、成本更低的计算力的促进下，人工智能的发展受到风险投资的热烈追捧而处于高速发展时期，人工智能技术的应用场景也在各个行业逐渐明朗，开始带来实际商业价值。人工智能与相关核心概念的关系图如图 1-9 所示。

1. 人工智能的概念

在 20 世纪 30 年代末到 50 年代初，神经学研究人员发现大脑是由神经元组成的电子网络，克劳德·香农提出的信息林描述了数字信号，图灵的计算理论证明了一台仅能处理 0 和 1 这样简单的二元符号的机械设备能够模拟任何数学推理……这些研究成果都为人们揭示构建电子大脑是存在可能性的。

在 1956 年的达特茅斯会议上，"人工智能"（Artificial Intelligence，AI）一词被首次提出，其目标是"制造机器模仿学习的各个方面或智能的各个特性，使机器能够读懂语言，形成抽象思维，解决人们目前的各种问题，并能自我完善"。这一概念基本与今天所说的"强人工智能"等价，即人工智能在思考能力上能做到和真正的人一样。然而当前有关人工智能的讨论更多的是指只处理特定问题的人工智能，如计算机视觉、语音识别、自然语言处理，不需要具有人类完整的认知能力，只要看起来像有智慧就可以了，这种人工智能相对地被称为"弱人工智能"。那么，到底什么是人工智能呢？

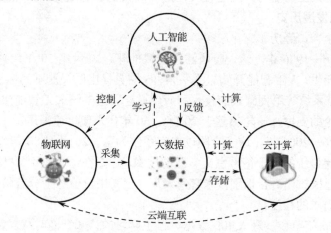

图1-9 人工智能与相关核心概念的关系图

广义的人工智能指的是研究、开发用于模拟、延伸和扩展人的智能的理论、方法、技术及应用系统的一门新的技术科学。因在人工智能领域做出杰出贡献而在 1971 年获得图灵奖的著名计算机科学家约翰·麦卡锡，在 1956 年的达特茅斯会议上提出"人工智能"这个概念时，给出的定义是"制造智能机器的科学与工程"。实际上，人们对这一概念的认识和理解经历过几次大的转变，且至今仍未完全统一。具体采纳哪种定义，主要取决于具体的语境和关注的角度。例如：

定义一：人工智能是与人类思考方式相似的计算机程序。这是人工智能发展早期非常流行的一种定义方式，可以理解为人工智能是模拟人的智慧的程序。以该角度实现的人工智能需要让程序遵循逻辑学的基本规律进行运算、归纳或推演。其典型就是专家系统在人工智能各相关领域的广泛应用。参照人类大脑工作原理构建计算机程序的神经网络发展实际上并不顺利。神经网络是基于大脑神经元对信息（刺激）的处理和传播过程而发展起来的技术。20 世纪 50 年代，早期人工智能研究者将神经网络用于模式识别，由于受相关理论难题以及计算机算力的限制，神经网络在早期发展中很快就陷入低谷。更关键的一点是，基于人类知识库和逻辑学规则的人工智能系统只局限于解决特定的、狭小领域内的问题，很难扩展到日常生活中。因此，至 20 世纪 90 年代这一理解开始逐渐遇冷。

定义二：人工智能是会学习的计算机程序。这一观点是非常符合人类认知特点的。机器的"学习"是指通过大量数据训练经验模型，其与人类学习过程的差别主要在于获得"举一反三"所需要的训练数据的规模。自 2000 年起，机器学习不再固守数据挖掘领域，开始爆发出惊人的表现，并最早在计算机视觉领域实现了巨大突破。目前几乎垄断了人工领域里所有热门的技术方向。

定义三：人工智能就是根据对环境的感知，做出合理的行动，并获得最大收益的计算机程序。维基百科的人工智能词条采用的是斯图亚特·罗素与彼得·诺维格在《人工智能：一种现代的方法》一书中的定义。他们认为：人工智能是有关"智能主体的研究与设计"的学问，而"智能主体是指一个可以观察周遭环境并做出行动以达至目标的系统"。

定义三相对综合全面，将目前主流实用主义的定义基本都涵盖了进去，较受学术界认可。

定义一不可取，一是人类对大脑工作机制的认识尚浅，二是计算机使用的是几乎完全不同的技术道路。可以说，对人工智能与人脑进行类比是导致人工智能发展经历几次寒冬的主要原因。

2. 人工智能的发展历史

人工智能发展至今，经历了三个阶段。

第一阶段：1956—1976 年，这一阶段注重逻辑推理。20 世纪 50 年代到 60 年代，伴随着通用电子计算机的诞生，人工智能开始崭露头角。以图灵提出图灵测试为标志，数学证明系统、知识推理系统、专家系统等里程碑式的技术和应用掀起了第一波人工智能热潮。受限于计算机运算速度与算法理论的支撑，该轮热潮于 20 世纪 60 年代末便迅速消退。

第二阶段：1976—2006 年，这一阶段以专家系统为主。20 世纪 80 年代到 90 年代，基于统计模型的技术取代传统的基于符号主义学派的技术，逐渐在语音识别、机器翻译等领域取得长足发展。统计模型虽然让语音识别技术有所发展，但实用价值却十分有限，远未达到满足商业模式和大众日常需求的程度。

第三阶段：2006 年至今，进入重视数据、自主学习的认知智能时代。2006 年，随着深度学习技术的成熟和计算机算力的大幅提升，人工智能逐渐迎来复兴。在代表计算机智能图像识别最前沿水平的 ImageNet 竞赛中，人工智能算法在识别准确率上有了极大的飞跃，同样也代表了这一阶段人工智能热潮由萌芽到兴盛的关键节点。随着机器视觉领域的突破，深度学习进一步深入不同应用领域，实现了人工智能技术与现实生活和产业链的有机结合。具体的年代与事件对应情况如表 1-2 所示。

表 1-2 人工智能标志事件时代对应表

年代	20 世纪 40 年代	20 世纪 50 年代	20 世纪 60 年代	20 世纪 70 年代	20 世纪 80 年代	20 世纪 90 年代	21 世纪以来
计算机	1946 年 电脑（ENIAC）	1957 年 FORTRAN 语言					
人工智能研究		1953 年 博弈论 1956 年 达特茅斯会议		1977 年 知识工程宣言	1982 年 第五代电脑计划开始	1991 年 人工神经网络	
人工智能语言			1960 年 LISP 语言	1973 年 PROLOG 语言			
知识表达				1973 年 生产系统； 1976 年 框架理论			
专家系统			1965 年 DENDRAL	1975 年 MYCIN	1980 年 Xcon		

3. 人工智能的研究现状

21 世纪以来，人工智能的复兴在各方面关键技术发展喜人，尤其与深度学习技术的影响力密切相关，且由现实商业需求主导，在深入结合产业界的实际应用场景下产生了巨大的价值和影响。具体来说，目前人工智能的主要研究领域集中在视觉识别、自然语言理解、机器人、机器学习等，对应人的看、听、动和自我学习能力。在技术层面，人工智能分为感知、认知和执行三个层面。感知技术包括机器视觉、语音识别等应用人工智能技术获取外部信息的技术；认知技术包括机器学习技术；执行技术包括人工智能与机器人的硬件技术以及智能芯片的计算技术。

- 图像识别：以图像识别和人脸识别为代表的感知技术已经广泛与应用市场结合，特别是在交通、医疗、工业、农业、金融、商业等领域，带来了深刻的产业变革。在世界顶级的相关比赛——大规模视觉识别挑战赛（LSVRC）中，图像标签的错误率从2010年的28.5%下降到2.5%。也就是说，AI系统对物体识别的性能已经超越人类。

- 自然语言理解：指接受语音输入，通过语音识别将用户的声音转化为文字，再运用自然语义分析理解用户行为，给用户以精准的搜索结果。其核心技术在于用自然语义分析来理解人们像日常说话一样的提问。在词语解析方面，AI系统确定句子语法结构上的能力已经接近人类能力的94%，从文档中找到既定问题的答案的能力已经越来越接近人类。利用语音识别、自然语言处理等技术研发的对话机器人、语音"助理"被内嵌到应用程序中或与硬件结合，其多场景、个性化以及便捷的服务大大改变了传统的人机交互方式。苹果、谷歌、微软、百度、小米等公司都在争夺智能音箱市场。在国内，自然语言处理领域的融资紧随视觉图像领域，这一激烈的竞争背后其实是在争夺下一代服务入口。未来语音技术会向各场景渗透。

- 机器人：随着全球人工智能步入第三次高潮期，智能化成为当前机器人重要的发展方向。自主的感知、认知、决策、学习、执行和社会写作能力，将进一步提升机器人的智能化程度。当下的智能机器人仍处于产业化起步阶段。典型的事件是福岛核辐射事故中，日本和美国的机器人都在救援工作中出现被简单技术问题困住的局面，如供电、受限于传输数据和影像的数据线等问题。

- 自动驾驶：苹果、谷歌、特斯拉、百度等公司都在研发无人驾驶技术。自动驾驶技术的核心包括高精度地图、定位、感知、智能决策与控制四大模块。自动驾驶汽车依托于交通场景物体识别技术和环境感知技术，实现高精度车辆探测识别、跟踪、距离和速度估计、路面分割、车道线检测，为自动驾驶的智能决策提供依据。自动驾驶可靠性由人工智能的程度决定。目前，无人驾驶还无法直接应用于多变复杂的日常上路，但是人工智能技术在出行中早已广泛发挥作用，如行车记录仪、测距仪、雷达、传感器、GPS等高级驾驶辅助系统（ADAS），通过帮助汽车感知周围情况而保证出行安全高效。

- 机器学习：早期研究者将逻辑视为人类智慧最重要的特征。因此，让计算机中的人工智能程序遵循逻辑学的基本规律进行运算、归纳或推理，是大部分人工智能研究者的最大追求。然而，人类思考实际上仅涉及少量逻辑，大多凭借直觉和下意识的"经验"。在经历挫折和失败的探索后，研究者提出了机器学习的方案来实现人工智能。机器学习本质是一种计算机算法，让计算机通过大量样本数据得出适当的模型，并利用此模型对新的情境给出判断的过程。训练过程就是通过合理的试错来调整参数，使得出错率降低。当出错率低到满足预期时，就认为模型可以拿来应用了。起源于20世纪八九十年代的神经网络领域的深度学习在2006年取得的突破，让机器第一次在语音识别、图像识别等领域实现了与人类同等甚至超过人类的感知水平，真正从实验室走向产业化发展，发挥了人工智能的巨大价值。其典型代表有2017年11月谷歌公司发布的TensorFlowLite深度学习工具。该框架允许开发者在移动设备上实时地运行人工智能应用，且Android和iOS开发者都可以使用。

- 游戏：游戏是一个相对简单和可控的实验环境，因此经常用于人工智能研究。在20世纪 50 年代人工智能早期研究阶段，相关的计算机科学家就相信，计算机将击败人类象棋冠军。但直到 1997 年，IBM 的"深蓝"系统才击败当时的国际象棋冠军；2016 年 3 月，谷歌 DeepMind 团队开发的 AlphaGo 系统以 4∶1 击败了世界排名第二的李世石，并于 2017 年 5 月，AlphaGo Master 又以 3∶0 击败了世界排名第一的柯洁。AlphaGo 成功的原因是它结合了深度学习、强化学习与搜索树算法三大技术。

1.2.2　大数据

大数据与人工智能相辅相成。人工智能为今后产业发展提供了巨大引擎。推动人工智能发展的三个动力是算法、算力和数据。数据通过各种行业渗透并悄悄改变着我们的生活。以物联网、云计算、大数据为代表的技术革命引领人类社会加速进入数据时代。数据将成为最核心的生产要素。越来越多的人感受到：人工智能=深度学习+大数据！

1. 大数据的概念

大数据代表了一种现象，即数据的指数增长超过了人们管理、处理和应用数据能力的增长。一般意义上，大数据是指利用现有理论、方法、技术和工具难以在可接受的时间内完成分析计算，整体呈现高价值的海量复杂数据集合。今天我们常说的大数据其实是在 2000 年后，因为信息交换、信息存储、信息处理三个方面能力的大幅增长而产生的数据。在数字化信息爆炸式增长的过程中，每个参与信息交换的节点都可以在短时间内接收并存储大量数据。这是大数据得以收集和积累的重要前提条件。

全球信息存储能力大约每 3 年翻一番，从 1986 年到 2007 年这 20 年间，全球信息存储能力增加了约 120 倍，所存储信息的数字化程度也从 1986 年的约 1%增长到 2007 年的约 94%。信息存储能力的增加为大数据的利用提供了无限可能。同时大规模的信息也对及时有效地整理、加工和分析提出了挑战。谷歌、百度、阿里等公司纷纷建立强大的分布式数据处理集群以实时对积累的数据进行聚合、维度转换、分类和汇总等操作。

2. 大数据的特征

2001 年，高德纳分析员道格·莱尼在一份与其 2001 年的研究相关的演讲中指出，数据增长有三个方向的挑战和机遇：量（Volume），即数据多少；速（Velocity），即资料输入、输出的速度；类（Variety），即多样性。在莱尼的理论基础上，IBM 公司提出大数据的 4V（Volume、Variety、Value、Velocity）特征得到了业界的广泛认可。虽然不同学者、不同研究机构对大数据的定义不尽相同，但都广泛提及了这些基本特征。现将大数据的 4V+OL 特征描述如下：

- 数据量大（Volume）。第一个特征是数据量大，包括采集、存储和计算的量都非常大。大数据的起始计量单位至少是 P（1000 个 T）、E（100 万个 T）或 Z（10 亿个 T）。
- 类型繁多（Variety）。第二个特征是种类和来源多样化。包括结构化、半结构化和非结构化数据，具体表现为网络日志、音频、视频、图片、地理位置信息等，多类型的数据对数据的处理能力提出了更高的要求。
- 价值密度低（Value）。第三个特征是数据价值密度相对较低，或者说是浪里淘沙却又弥足珍贵。随着互联网以及物联网的广泛应用，信息感知无处不在，信息海量但价值密度较低，往往呈现出个性化、不完备化、价值稀疏、交叉复用等特点。
- 速度快时效高（Velocity）。第四个特征是数据增长速度快，处理速度也快，时效性要求高，呈现出鲜明的流式特征。如搜索引擎要求几分钟前的新闻能够被用户查询到，个性化推荐算法尽可能要求实时完成推荐。这是大数据区别于传统数据挖掘的显著特征。

- 数据是在线的（Online）。数据是永远在线的，是随时能调用和计算的，这是大数据区别于传统数据的最大特征。现在我们所谈到的大数据不仅数据量大，而且更重要的是数据变为在线的了，这是互联网高速发展背景下的特点。例如，对于打车工具，客户的数据和出租车司机的数据都是实时在线的，这样的数据才有意义。如果是放在磁盘中且离线的，这些数据远远不如在线的商业价值大。

这些特征为大数据的计算环节带来前所未有的挑战和机遇，并要求大数据计算系统具备高性能、实时性、分布式、易用性、可扩展性等特征。

3. 大数据的常用功能

如何把数据资源转化为解决方案，实现产品化，是值得关注的。大数据常用的功能如下：

- 追踪。互联网和物联网无时无刻不在记录，大数据可以追踪、追溯任何记录，形成真实的历史轨迹。追踪是许多大数据应用的起点，包括消费者购买行为、购买偏好、支付手段、位置信息、搜索和浏览历史等。
- 识别。在对各种因素全面追踪的基础上，通过定位、比对、筛选可以实现精准识别，尤其是对语音、图像、视频进行识别，使可分析的内容大大丰富，得到的结果更为精准。
- 画像。通过对同一主体不同数据源的追踪、识别、匹配，形成更立体的刻画和更全面的认识。对消费者画像，可以精准地推送广告和产品；对企业画像，可以准确地判断其信用及面临的风险。
- 预测。在历史轨迹、识别和画像基础上，对未来趋势及重复出现的可能性进行预测，当某些指标出现预期变化或超预期变化时给予提示、预警。以前也有基于统计的预测，大数据大大丰富了预测手段，对建立风险控制模型有深刻意义。
- 匹配。在海量信息中精准追踪和识别，利用相关性、接近性等进行筛选比对，更有效地实现产品搭售和供需匹配。大数据匹配功能是互联网约车、租房、金融等共享经济新商业模式的基础。
- 优化。按距离最短、成本最低等给定的原则，通过各种算法对路径、资源等进行优化配置。对企业而言，可提高服务水平，提升内部效率；对公共部门而言，可节约公共资源，提升公共服务能力。

4. 大数据的应用现状

近年来，大数据理念在国内已经深入人心，"用数据说话"已经成为很多人的共识。大数据分析和大数据建设被各行各业所重视，数据成为堪比石油的战略资源。企业的竞争将面向数据，数据积累将转变为企业对用户的了解，有助于提升服务的独特性和竞争力。政府层面利用大数据分析可以完善公共服务，如基于大数据分析进行预警，通过应用大数据来进行社会治理等。整体来看，国内大数据产业政策日渐完善，技术、应用和产业都进展显著。一般的大数据技术如下：

- 可视化分析——有助于直观呈现大数据的特点。
- 数据挖掘算法——大数据分析的理论核心。基于不同的数据类型和格式才能科学地呈现数据本身具有的特点，基于有效的数据挖掘算法才能更快地处理大数据。
- 预测性分析——大数据最重要的应用领域之一。
- 语义引擎——广泛应用于网络数据挖掘，根据用户的搜索关键词、标签关键词或其他输入进行语义分析并判断用户的需求，实现更好的用户体验和广告匹配。

● 数据质量和数据管理——学术研究及商业应用领域都能保证分析结果的真实和价值。

基于大数据的典型应用列举如下：

● 图像识别、人脸识别针对海量视频解析应用于全国的安防系统。
● 工业机器人完成焊接、铸造、装配、包装、搬运、分发货物等。
● 金融行业利用基于数据的深度学习模型进行风险防控、针对客户的精准营销。
● 人工智能系统在医疗领域帮助医生更快更准确地诊断、评估医疗方案及评估医疗风险。
● 电子商务企业基于数据更好地预测和备货。
● 基于城市交通监控数据开发智能交通流量预警和疏导等应用。
● 企业智能机器售后客服。
● 基于数据训练出改善课程环节设计、改进教学效果的人工智能模型。

需要注意的是，大数据和人工智能的结合可能给信息流通和社会公平带来威胁，大数据的应用还存在对个人隐私保护方面的挑战。购买习惯、疾病诊疗数据、出行信息等一旦被怀有不良目的的使用者掌握，就会为犯罪提供情报来源。因此，有效、合法、合理地收集、利用、保护大数据，是人工智能时代的基本要求，需要政府、企业、个人三方共同协作，既要保证大规模信息的正常流动、存储和处理，又要重视和避免个人隐私被滥用或泄露。

1.2.3 云计算

随着网络带宽的不断增加，通过网络访问计算服务（包括数据处理、存储和信息服务）的条件越来越成熟，于是就有了今天我们称为云计算的技术。所谓"云"，是指在各种技术架构图中用来表示互联网的一个词。现阶段所说的云服务已经不单单是一种分布式计算，而是分布式计算、效用计算、负载均衡、并行计算、网络存储、热备份冗余和虚拟化等计算机技术混合演进并跃升的结果。

1. 云计算的概念与特征

云计算（Cloud Computing）诞生于 2007 年第 3 季度，但在诞生后短短半年间，相关概念和名词的搜索热度就急剧升高。云计算是分布式计算的一种，指的是通过网络"云"将巨大的数据计算任务分解成无数个小程序，分布在由多部服务器组成的资源池上，进行处理和分析这些小程序得到结果，使用户能够按需获取计算力、存储空间和信息服务。传统计算与云计算的区别如图 1-10 所示。而"云"是一些可以自我维护和管理（如分配、回收等）的虚拟计算资源，通常是一些大型服务器集群，包括计算服务器、存储服务器和宽带资源等。这些计算资源通过专门软件实现自动管理，无须人为参与。允许用户动态申请部分所需资源而无须为细节烦恼，以更专注于自己的业务，以此达到低成本、高效率和技术创新。

具体来说，云计算包含互联网的应用服务及在数据中心提供这些服务的软硬件设施。数据中心的软硬件设施就是"云"。之所以称为"云"，是因为计算设施不在本地而在网络中，用户不需要关心它们所处的具体位置，于是就延用网格图中的画法，用"云"来指代这种提供服务的互联网。云计算的服务方式意味着它的规模和能力不可限量。在人工智能的加持下，海量的大数据对算法模型不断训练，在结果输出上进行优化，以使得大数据与人工智能的结合在更多领域达到人类能够做到的极限。

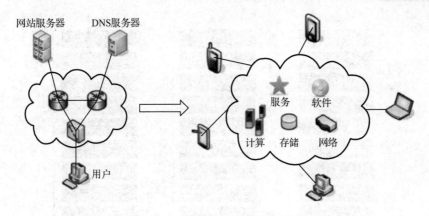

图 1-10 传统计算与云计算的区别

2. 云计算的特点

云计算是并行计算、分布式计算和网格计算的发展。云计算与 5G、物联网互为支撑、交相辉映，5G 为云计算带来数以十亿计的宽带移动用户；物联网借助云计算设施完成存储和处理，以获得迅速、准确、智能、低成本的管控，大大提高了社会生产力水平和生活质量。有了云计算，用户无须自购软、硬件，甚至不用知道是谁提供的服务，只关注自己真正需要什么样的资源或者得到什么样的服务。从研究现状上看，云计算具有以下特点：

① 超大规模。"云"具有相当的规模，Google 等公司的"云"均拥有几十万服务器，赋予用户前所未有的计算能力。

② 虚拟化。云计算支持用户在任意位置、使用各种终端获取服务。

③ 高可靠性。"云"采取数据多副本容错、计算节点同构可互换等措施来保障服务的高可靠性。

④ 通用性。云计算不针对特定的应用，同一片"云"可同时支撑不同应用运行。

⑤ 高可扩展性。"云"规模可以动态伸缩满足应用和用户规模的增长。

⑥ 按需服务。用户按需购买，根据实际使用计费。

⑦ 极低的使用成本。"云"的特殊容错措施使得可以采用机器连接的节点来构成云；"云"的自动化管理使数据中心管理成本大幅降低；"云"的公用性和通用性使资源的利用率大幅提升；"云"设施可以建在电子资源丰富的地区，从而大幅降低用户使用的能源成本。

3. 云计算的分类

云计算按照服务类型大致可以分为三类：将基础设施作为服务（IaaS）、将平台作为服务（PaaS）和将软件作为服务（SaaS），如图 1-11、图 1-12 所示。

IaaS 将硬件设备等基础资源封装成服务供用户使用，但用户必须考虑多台机器如何协同工作；PaaS 提供用户应用程序的运行开发环境，但同时用户的自主权降低，必须在特定的编程环境并遵照特定的编程模型；SaaS 将某些特定应用软件功能封装成服务，提供给专门用途的租用云服务的用户，以便应用或调用。

4. 云计算的关键技术

云计算的关键技术包括虚拟化技术、分布式数据存储技术、并行编程技术、能耗管理技术、信息安全技术等。

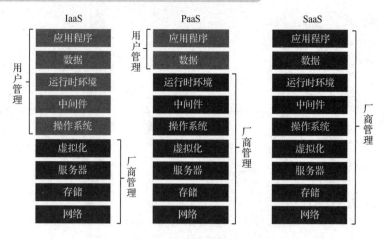

图 1-11　云计算的服务类型

图 1-12　云计算服务示意图

- 虚拟化技术：虚拟化技术是云计算重要的核心技术之一，它为云计算服务提供基础架构层面的支撑，是信息与通信技术（ICT）服务快速走向云计算的最主要驱动力。虚拟化的最大好处是增强系统的弹性和灵活性，降低成本，改进服务，提高资源利用效率。

- 分布式数据存储技术：通过将数据存储在不同的物理设备中，能实现动态负载均衡、故障节点自动接管，具有高可靠性、高可用性、高可扩展性。这种模式不仅摆脱了硬件设备的限制，而且扩展性更好，能够快速响应用户需求的变化。

- 并行编程技术：云计算采用并行编程模式。在并行编程模式下，并发处理、容错、数据分布、负载均衡等细节都被抽象到一个函数库中，通过统一接口，用户的计算任务被自动并发和分布执行，即将一个任务自动分成多个子任务，并行地处理海量数据。

- 能耗管理技术：云计算的好处显而易见，但随着其规模越来越大，云计算本身的能耗越来越不可忽视。提高能效的第一步是升级网络设备，增加节能模式，减少网络设施在未被充分使用时的耗电量。除了降低数据传输的能耗，优化网络结构还可以降低基站的发射功率。

● 信息安全技术：有数据表明安全已经成为阻碍云计算发展的主要原因之一。云安全可以说是从传统互联网遗留下来的问题，只是在云计算的平台上，安全问题变得更加突出。

1.2.4 物联网

1. 物联网的概念

物联网（Internet of Things，IOT）是指通过信息传感器、射频识别技术、全球定位系统、红外感应器、激光扫描器等装置与技术，实时采集任何需要监控、连接、互动的物体或过程，采集其声、光、热、电、力学、化学、生物、位置等需要的信息，通过各类可能的网络接入，实现物与物、物与人的泛在连接，实现对物品和过程的智能化感知、识别和管理。"物联网就是物物相连的互联网。"有两层意思：第一，物联网的核心和基础仍然是互联网，是在互联网基础上进行延伸和扩展的网络；第二，其用户端延伸和扩展到了任何物品与物品之间，进行信息交换和通信，如图 1-13 所示。

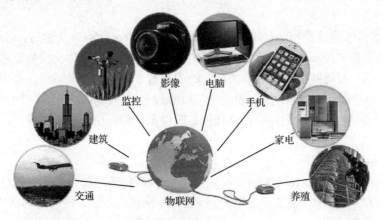

图 1-13 物联网示意图

物联网的概念最早出现在比尔·盖茨 1995 年出版的《未来之路》一书中，在《未来之路》中，比尔·盖茨提及物联网概念，只是当时受限于无线网络、硬件及传感设备的发展，并未引起广泛重视。1998 年，美国麻省理工学院创造性地提出了当时被称作 EPC（产品电子代码，其载体是 RFID 标签）系统的"物联网"的构想。1999 年，美国 Auto-ID 提出"物联网"的概念，主要是建立在物品编码、RFID 技术（无线射频识别技术）和互联网的基础上。过去在中国，物联网被称为传感网。中科院早在 1999 年就启动了传感网的研究，并已取得一些科研成果，建立了一些适用的传感网。同年，在美国召开的移动计算和网络国际会议上提出，"传感网是下一个世纪人类面临的又一个发展机遇"。2005 年 11 月 17 日，在突尼斯举行的信息社会世界峰会（WSIS）上，国际电信联盟（ITU）发布了《ITU 互联网报告 2005：物联网》，正式提出了"物联网"的概念。该报告指出，无所不在的"物联网"通信时代即将来临，世界上的所有物体从轮胎到牙刷、从房屋到纸巾都可以通过互联网进行交换。RFID 技术、传感器技术、纳米技术、智能嵌入技术将得到更加广泛的应用。

2. 物联网的结构层次

物联网以 RFID 技术为支撑实现物品的自动化识别，并通过计算机互联网的传输作用，达到信息互联与共享的目的。从层次上可将物联网的结构划分为以下三个层次：

- 信息感知层网络。信息感知层网络是一个包括 RFID 标签、条形码、传感器等设备在内的传感网，主要用于物品信息的识别和数据的采集。
- 信息传输层网络。信息传输层网络主要用于远距离无缝传输由传感网所采集的海量数据信息，将信息安全传输至信息应用层。
- 信息应用层网络。信息应用层网络主要通过数据处理平台及解决方案等来提供人们所需要的信息服务以及具体的应用。

3. 物联网的关键技术

（1）RFID 技术。

RFID 技术是一种简单的无线系统，由一个询问器（或阅读器）和很多应答器（或标签）组成。标签由耦合元件及芯片组成，每个标签具有扩展词条唯一的电子编码，附着在物体上标识目标对象，它通过天线将射频信息传递给阅读器，阅读器就是读取信息的设备。RFID 技术让物品能够"开口说话"。这就赋予了物联网一个特性，即可跟踪性，也就是说人们可以随时掌握物品的准确位置及其周边环境。

（2）传感网。

MEMS 是微机电系统（Micro-Electro-Mechanical Systems）的英文缩写。它是由微传感器、微执行器、信号处理和控制电路、通信接口和电源等部件组成的一体化的微型器件系统。其目标是把信息的获取、处理和执行集成在一起，组成具有多功能的微型系统，集成于大尺寸系统中，从而大幅度地提高系统的自动化、智能化和可靠性水平。MEMS 赋予了普通物体新的生命，它们有了属于自己的数据传输通路、存储功能、操作系统和专门的应用程序，从而形成一个庞大的传感网。

（3）M2M 系统框架。

M2M 是 Machine-to-Machine/Man 的简称，是一种以机器终端智能交互为核心的、网络化的应用与服务。M2M 技术涉及 5 个重要的技术部分：机器、M2M 硬件、通信网络、中间件、应用。基于云计算平台和智能网络，可以依据传感器网络获取的数据进行决策，对对象的行为进行控制和反馈。

（4）云计算。

云计算与物联网相辅相成，其中云计算是物联网发展的基石，同时作为云计算的最大用户，物联网又不断促进云计算的迅速发展。在云计算技术的支持下，物联网能够进一步提升数据处理分析能力，不断完善技术。假如没有云计算作为基础支撑，物联网的工作效率便大大降低，那么，其相比于传统技术的优势也不复存在。由此可见，物联网对云计算的依赖性非常强。

4. 物联网的主要应用

物联网应用涉及国民经济和人类社会生活的方方面面。由于物联网具有实时性和交互性的特点，其主要应用领域如下。

（1）城市管理。

- 智能交通（公路、桥梁、公交、停车场等）：物联网技术可以自动检测并报告公路、桥梁的"健康状况"，并可以避免过载的车辆经过桥梁，也能够根据光线强度对路灯进行自动开关控制；交通控制方面，通过检测设备，出现道路拥堵或特殊情况时，系统自动调配红绿灯，推荐最佳行驶路线；公交方面，物联网技术构建的智能公交系统通过综合运用网络通信、GIS 地理信息、GPS 定位等手段，集智能运营调度、电子站牌发布、IC 卡收费、ERP（快速公交系统）管理等于一体。另外，在公交候车站台上通过定位系统可以准确显示需要等候下一趟公交车的时间；还可以通过公交查询系统，查询最佳的公交换乘方案。

- 智能泊车：停车难的问题在现代城市中已经引发社会各界的广泛关注。通过应用物联网技术可以帮助人们更好地找到车位。智能化的停车场能第一时间感应到车辆的出入，然后立即反馈到公共停车智能管理平台，显示当前的停车位数量；同时将周边地段的停车场信息整合在一起，这样能大大缩短找车位的时间。

（2）智能建筑（绿色照明、安全检测等）。

通过感应技术，建筑物内的照明灯能自动调节光亮度，实现节能环保。运作状况能通过物联网及时发送给管理者。同时，建筑物与 GPS 系统实时连接，在电子地图上准确、及时地反映建筑物空间地理位置、安全状况、人流量等信息。

（3）文物保护和数字博物馆。

数字博物馆采用物联网技术，通过对文物保存环境的温度、湿度、光照、降尘和有害气体等进行长期监测和控制，建立长期的藏品环境参数数据库，创造最佳的文物保存环境，实现对文物蜕变损坏的有效控制。

（4）古迹、古树实时监测。

通过物联网采集古迹、古树的年龄、气候、损毁等状态信息，及时做出数据分析并采取相应的保护措施。在古迹保护上实时监测能有选择地将有代表性的景点图像传到互联网上，让景区对全世界做现场直播，达到扩大知名度和广泛吸引游客的目的。另外，还可以建立景区内部的实时电子导游系统。

（5）数字图书馆和数字档案馆。

使用 RFID 设备的图书馆/档案馆，从文献的采访、分编、加工到流通、典藏、读者所持证卡，RFID 标签和阅读器已经完全取代原有的条码、磁条等传统设备。将 RFID 技术与图书馆数字化系统相结合，实现架位标识、文献定位导航、智能分拣等。应用物联网技术的自助图书馆，借书和还书都是自助的。借书时只要把身份证或借书卡插进读卡器里，再把要借的书在扫描器上放一下就可以了。还书过程更简单，只要把书投进还书口，传送设备就自动把书送到书库。通过扫描装置，工作人员能迅速知道书的类别和位置以便进行分拣。

（6）数字家庭。

如果简单地将家中的消费电子产品连接起来，那么只能通过一个多功能遥控器控制所有终端，实现电视与电脑、手机的连接，这不是发展数字家庭产业的初衷。只有在连接家中设备的同时，通过物联网与外部的服务连接起来，才能真正实现服务与设备互动。有了物联网，就可以在办公室指挥家中电器的操作运行，在下班回家的途中，家中的饭菜已经煮熟，洗澡的热水已经烧好，个性化电视节目将会准点播放；家中设施能够自动报修；冰箱里的食物能够自动补货。

（7）定位导航。

物联网与卫星定位技术、GSM/GPRS/CDMA 移动通信技术、GIS 地理信息系统相结合，能够在互联网和移动通信网络覆盖范围内使用 GPS 技术，使用和维护成本大大降低，并能实现端到端的多向互动。

（8）现代物流管理。

通过在物流商品中植入传感芯片（节点），供应链上服务的每个环节都能无误地被感知和掌握。这些感知信息与后台的 GIS/GPS 数据库无缝结合，可构成强大的物流信息网络。

（9）食品安全控制。

食品安全是国计民生的重中之重。通过标签识别和物联网技术，可以对食品生产过程进行实时监控，对食品质量进行联动跟踪，对食品安全事故进行有效预防，极大地提高食品安全的管理水平。

（10）零售。

RFID 设备取代零售业的传统条码系统，使物品识别的穿透性（主要指穿透金属和液体）、远距离，以及商品的防盗和跟踪有了极大改进。

（11）数字医疗。

以 RFID 技术为代表的自动识别技术可以帮助医生实现对病人不间断的监控、会诊和共享医疗记录，以及对医疗器械的追踪等。而物联网将这种服务扩展至全世界范围。RFID 技术与医院信息系统（HIS）及药品物流系统的融合，是医疗信息化的必然趋势。

据预测，到 2035 年前后，中国的物联网终端将达到数千亿个。随着物联网的应用普及，形成我国的物联网标准规范和核心技术，已成为业界发展的重要举措。

1.3 基于计算机的问题求解

人类解决问题的方法是当遇到一个问题时，首先从大脑中搜索已有的知识和经验，寻找它们之间具有关联的地方，将一个未知的问题做适当的转换，转化成一个或多个已知问题进行求解，最后得到原始问题的解决方案。为了让计算机帮助人们解决实际问题，就要设计计算机能理解的算法程序，而设计算法程序的第一步就是要让计算机理解问题是什么，这就需要建立现实问题的数学模型。建模过程就是一个对现实问题的抽象过程，运用逻辑思维能力，抓住问题的主要因素，忽略次要因素。建立数学模型之后，就要考虑输入、输出问题，输入就是将自然语言或人类能理解的用其他表达方式描述的问题转化为数学模型中的数据，输出就是将数学模型中表达的运算结果转换成自然语言。最后就是算法的设计，即设计一套对数学模型中的数据的操作和转换步骤，使其能演化出最终的结果，如图 1-14 所示。

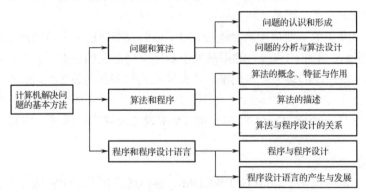

图 1-14 基于计算机的问题求解内容结构图

1.3.1 问题和问题求解

在复杂的实际生活中，发现问题可以利用计算机求解。首先我们应进行问题抽象。抽象是指从众多的事物中抽取出共同的、本质性的特征，而舍弃其非本质的特征的过程。具体来说，抽象就是人们在实践的基础上，对于丰富的感性材料通过去粗取精、去伪存真、由此及彼、由表及里的加工制作，形成概念、判断、推理等思维形式，以反映事物的本质和规律的方法。抽象的过程就是发现事物的本质及其规律的过程。在对事物抽象的过程中，可获得对事物更加深刻的认识。

通过发现问题本质、总结规律，发现待解决问题所涉及的参数和寻求的答案中要满足的条件。在明确已知和未知量之后，便可探寻它们之间的关系。接着通过经验和知识积累实现已知和未知量的关系转换，使得适当的数学模型得以建立，进而通过厘清逻辑设计出解决此模型的算法思路，最终通过符合语法规则的程序代码实现设计，借助计算机运行程序最终高效准确地解决问题，达成目标，如图 1-15 所示。

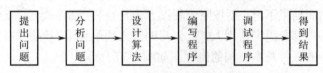

图 1-15　利用计算机求解问题的过程

1.3.2　算法与程序

1. 自顶向下、逐步求精以及模块化

每个计算机程序都是用来解决特定计算问题的，并随着待解决问题的复杂，程序的规模也会扩大。与人类解决问题的步骤类似的程序设计方法对应为面向过程的结构化程序设计。它由三种基本结构——顺序结构、选择结构、循环结构组成，并遵从"自顶向下、逐步求精、模块化"的原则。可以将一个复杂的任务自顶向下逐层把软件系统划分成一个个较小的、相对独立但又相互关联的模块，从而分解成许多易于控制和处理的子任务，子任务还可以做进一步分解，直到每个子任务都容易解决为止。

2. 算法流程图

每个基本模块都具有朴素的运算模式：输入数据、处理数据和输出数据。这形成了基本的程序编写方法，即 IPO（Input、Process、Output）方法。设计算法是程序设计的核心。为了表示一个算法，可以用不同的方法。常用的有自然语言、流程图、伪代码、PAD 图等。其中以特定的图形符号加上说明表示算法的图，称为算法流程图。流程图是指用一些图框来表示各种类型的操作，在框内写出各个步骤，然后用带箭头的线把它们连接起来，以表示执行的先后顺序。用图形表示算法，直观形象，易于理解。美国国家标准化协会 ANSI 曾规定了一些常用的流程图符号，传统流程图的基本符号如图 1-16 所示。其具体名称及功能如下：

图 1-16　传统流程图的基本符号

- 处理框（矩形框），表示一般的处理功能。
- 判断框（菱形框），表示对一个给定的条件进行判断，根据给定的条件是否成立决定如何执行其后的操作。它有一个入口，两个出口。

- 输入输出框（平行四边形框），表示数据的输入或结果的输出。
- 起止框（圆弧形框），表示流程开始或结束。
- 连接点（圆圈），用于将画在不同地方的流程线连接起来。用连接点可以避免流程线的交叉或过长，使流程图清晰。
- 流程线（指向线），表示流程的路径和方向。
- 注释框，是为了对流程图中某些框的操作做必要的补充说明，以帮助阅读流程图的人更好地理解流程图的作用。它不是流程图中必要的部分，不反映流程和操作。

流程图表示程序内各步骤的内容以及它们的关系和执行的顺序，它说明了程序的逻辑结构。流程图应该足够详细，以便可以按照它顺利地写出程序，而不必在编写时临时构思，甚至出现逻辑错误。流程图不仅可以指导编写程序，而且可以在调试程序中用来检查程序的正确性。如果流程图是正确的而结果不对，则按照流程图逐步检查程序是很容易发现错误的。流程图还能作为程序说明书的一部分提供给别人，以便帮助别人理解你编写程序的思路和结构。对应面向过程的程序设计中的三种基本结构的流程图如图 1-17 所示。

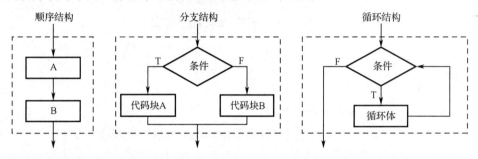

图 1-17　三种基本结构的流程图

好的算法，除了正确性，还应考虑其高效性、可读性和健壮性。即算法的优劣，不仅要考察其是否能完成由输入获得输出这一最低标准，还要充分结合当下的计算机软硬件环境、开发背景和应用需求变化等，设计出维护成本低、升级和扩充能力强且执行效率和资源利用高效的方案。

1.4　计算思维

计算与计算设备的诞生与发展是人类社会发展的必然产物，而计算技术的发展和电子计算机的诞生对现代社会、经济和科技等方面的发展起到了不可替代的决定作用。目前，在大数据时代背景下，数据不再是静止孤立的，而摇身变为最重要的资源，甚至工具。实时的巨量的数据处理需求使得人们对计算技术的追求达到了比以往任何时代都全面、迫切的程度。目前，计算科学、理论科学和实验科学并列成为推动人类文明进步和促进科技发展的三大手段。因此，计算思维不应仅是计算机科学家所需要的，而应成为每个人都应具备的能力。这种思维能力的普及对国家竞争力、社会发达水平和经济发展速度有着巨大和深远的影响。然而，仅仅掌握计算技术和熟悉计算设备的使用不等同于拥有计算思维能力。如何培养这种思维能力显得尤为重要。

1.4.1 计算思维的形成

2006 年 3 月，美国卡内基·梅隆大学计算机系主任周以真教授在美国计算机权威杂志 *Communication of the ACM* 上发表并定义了 Computational Thinking，译作计算思维。此后，计算思维这一概念引起了国际计算机界、社会学界及哲学界的广泛讨论和关注，进而成为对国内外计算机界和教育界带来深远影响的一个重要概念。早在春秋战国时期中国就出现了世界上最先进的一种计算工具——算筹，计算思维这个概念也不是今天才有的，然而，周以真教授使之更清晰化、系统化。

众做周知，计算是人类文明最古老同时又最与时俱进的成就之一。一直以来，计算方法及计算工具的发展和应用对于人类科技史的创新起到非常重要的作用。然而，由于没有上升到思维科学的高度，尽管计算在人类社会、各学科进步中取得巨大成就，但那时的计算有一定的盲目性，缺乏系统性和指导性。

直到 20 世纪 80 年代，钱学森在总结前人思想成果的基础上，将思维科学列为十一大科学技术门类之一，即自然科学、社会科学、数学科学、系统科学、思维科学、人体科学、行为科学、军事科学、地理科学、建筑科学、文学艺术并列在一起。经过 20 余年的实践证明，在钱学森思维科学的倡导和影响下，各种学科思维逐步开始形成和发展，如数学思维、物理思维等，这一理论体系的建立和发展也为计算思维的萌芽和形成奠定了基础。计算思维在此时开始萌芽。此后，各学科在思维科学的指导下逐渐发展起来，但直到 2006 年，周以真教授对计算思维进行详细分析，阐明其原理，并将其以"Computational thinking"为名发表在 *Communication of the ACM* 上，才使计算思维这一概念得到各国专家学者及跨国机构的极大关注，为国内外计算思维发展起到了奠基和参考作用。那么，什么是计算思维？它对社会发展和经济生活具有怎样的作用？

1.4.2 计算思维的相关内容

1. 计算思维的概念

提到计算思维的概念，很容易与狭义的计算机编程联系在一起，但实际上两者有着很大区别。计算思维指的是通过约简、嵌入、转化和仿真等方法，把一个看来困难的问题重新阐释成一个已知解决问题的方法。

进一步细化，计算思维实际上囊括了问题求解所采用的一般数学思维方法、现实世界中复杂系统的设计与评估的一般工程思维方法，以及复杂性、智能、心理、人类行为的理解等一般科学思维方法。如果从更系统化的角度阐述，计算思维可归纳为运用计算机科学的基础概念进行问题求解、系统设计，以及人类行为理解等涵盖计算机科学的一系列思维活动。显而易见，计算思维涵盖了包括计算机科学在内的一系列思维活动而并非是计算机科学的专属。从方法论角度则具体表现如下。

- 是一种递归思维，能并行处理，既能把代码译成数据又能把数据译成代码，是一种多维分析推广的类型检查方法；
- 是一种采用抽象和分解来控制庞杂的任务或进行巨大复杂系统设计的方法，是基于关注分离的方法；

- 是一种选择合适的方式去陈述一个问题，或对一个问题的相关方面建模使其易于处理的思维方法；是按照预防、保护及通过冗余、容错、纠错的方式，并从最坏情况进行系统恢复的一种思维方法；
- 是利用启发式推理寻求解答，即在不确定情况下的规划、学习和调度的思维方法；
- 是利用海量数据来加快计算，在时间和空间之间、处理能力和存储容量之间进行折中的思维方法。

2. 计算思维的原理

计算思维的原理应包含可计算性原理、形理算一体原理和机算设计原理。可计算性原理也可称为计算的可行性。早在 1936 年，英国科学家图灵就提出了计算思维领域的计算可行性问题，即怎样判断一类数学问题是否是机械可解的，或者说一些函数是否是可计算的；形理算一体原理，即针对具体问题应用相关理论进行计算进而发现规律的原理，在计算思维领域，就是从物理图像和物理模型出发，寻找相应的数学工具与计算方法进行问题求解；机算设计原理，就是利用物理器件和运行规则——算法完成某个任务的原理。这三个原理运用在计算思维领域中获得的最显著的成果就是电子计算机的创造——根据数学计算和物理元器件的特点研究出的计算机通过五大部件组成的设计原理以及运用二进制和存储程序的概念来达到解决问题的目的。当比较分析利用计算思维的问题解决方案后，不难发现计算思维具有以下 6 个方面的特征：①概念化，不是程序化；②根本的，不是刻板的技能；③是人的，不是计算机的思维方式；④数学和工程思维的互补与融合；⑤是思想，不是人造物；⑥面向所有的人，所有地方。

3. 计算思维的影响

从计算思维的概念和原理中进一步深入思考，我们很容易看到计算思维不仅可以帮助我们用抽象话语模式从已解决问题的算法，借助数学计算和工程建模等发现人类生活、社会各领域乃至大数据问题的切入点。这种思维能力强调在给定的资源条件下寻找问题解决方案时，先对问题进行抽象，抽象之后再试图对问题进行重新的计算性表达，然后用工程性的思维考虑这个问题的准确性和解决效率。不难看出，计算思维实际上涉及任务统筹设计，必然会提升人的能力和优化问题的解决方案。

1.4.3 计算思维与各学科的关系

不同计算平台、计算环境和计算设备使得数据的获取、处理和利用更便捷、更具时效性，特别是在大数据时代背景下，数据本身已成为一种工具，隐藏在其中的巨大信息资源不仅需要计算技术保持迅速发展，同时也让人们意识到基于多学科交叉的人才培养对技术创新体系的重要性。创造性思维培养离不开计算思维的培养。获得过计算机界最高荣誉"图灵奖"及"计算机科学教育杰出贡献奖"的荷兰计算机科学家 Edsger Wybe Dijkstra 曾说：我们所使用的计算工具影响着我们的思维方式和思维习惯，从而也将深刻地影响我们的思维能力。

思维的特性决定了它能给人以启迪，给人创造想象的空间。思维可使人具有联想性、推展性；思维既可概念化又可具象化，且具有普适性；知识和技能具有时间性的局限，而思维则可跨越时间性，随着时间的推移，知识和技能可能被遗忘，但思维却能潜移默化地融入未来的创新活动中。计算机学科中体现了很多这样的思维，这些典型的计算思维对各学科，以及非计算机专业学生的创造性思维培养是非常有用的，尤其是对其创新能力的培养是有决定作用的。例如，"0 和 1"和"程序"有助于学生形成研究和应用自动化手段求解问题的思维模式；"并行与分布计算"和"云计算"有助于学生形成现实空间与虚拟空间、并行分布虚拟解决社会自然问题的新型思维模式;"算法"和"系统"有助于学生形成化复杂为简单,层次化、结构化、对象化求解问题的思维模式,"数据化""网络化"有助于学生形成数据聚集与分析、网络化获取数据与网络化服务的新型思维模式;借鉴通用计算系统的思维,研制支持生物技术研究的计算平台,研制支持材料技术研究的计算平台等。

思维的每个环节都需要知识,基于知识可更好地理解、形成贯通,通过贯通进而理解整个思维。对于各学科知识的汲取具有的这些思维不仅有助于勾勒出反映计算的原理依据和方法、计算机程序的设计,而且更重要的是体现了基于计算技术/计算机的问题求解思路与方法。由于计算科学相关知识的更新和膨胀速度非常快,学习知识时就应注重思维训练,对知识有所选择,侧重于理解计算机学科经典的、对人们现在和未来有深刻影响的思维模式。在选择和理解知识相关性,以及培养自身具备计算思维来解决问题的过程中,可以开始养成从以下角度去思考:

(1)对于该类问题的解决,人的能力与局限性?计算机的计算能力与局限性?

(2)问题到底有多复杂?即问题解决的时间复杂性?空间复杂性?

(3)问题解决的判定条件是什么?即如何合理设定最终结果的临界值?

(4)什么样的技术(各种建模技术)能被应用于当前的问题求解或讨论中?与已解决的哪些问题存在相似方面?

(5)在可采用的计算策略中,如何判断怎样的计算策略更有利于当前问题的解决?

第2章

计算机信息数字化

计算机信息的数字化表示也称信息的编码。在计算机中，信息只有转换成二进制代码才能被计算机识别和利用。了解这个表达和转换的过程，有助于我们更深入地了解计算机的基本工作原理，从而更好地利用计算机为我们服务，从事各方面的工作。

2.1 数制及其转换

2.1.1 数制

数制也称计数制，是用一组固定的符号和统一的规则来表示数值的方法，如日常生活中的十进制，计时采用的六十进制等。任何数制都包含两个基本要素：基数和位值。

基数：在某种数制中表示数时，所能使用的数码和符号的个数。十进制数有 10 个数码：0、1、2、3、4、5、6、7、8、9，因而基数为 10。二进制数有 0 和 1 两个数码，因而基数为 2。

位值：也叫权。任何一个数都是由一串数字表示的，其中每一位数字所表示的实际值与它所处的位置有关，由位置决定的值就叫位值，即权。如十进制第 2 位的位值为 10，第 3 位的位值为 100。位值是一个以基数为底的指数，即 R^i，R 代表基数，i 是数码所在位置的序号。十进制数个位的位值为 10^0，十位的位值为 10^1，百位的位值为 10^2……小数部分十分位的位值为 10^{-1}，百分位的位值为 10^{-2}……

例如，十进制数 9875.31，基数为 10，各数位对应的位权及数值如表 2-1 所示。

表 2-1 十进制数 9875.31 各数位对应的位权及其数值

十进制数	9	8	7	5	.	3	1
位值	10^3	10^2	10^1	10^0		10^{-1}	10^{-2}
该位的数值	9000	800	70	5		0.3	0.01

因此，十进制数 9875.31 就可以写成按位权展开的多项式之和：

$9875.31=9\times10^3+8\times10^2+7\times10^1+5\times10^0+3\times10^{-1}+1\times10^{-2}$

$\qquad\qquad=9000+800+70+5+0.3+0.01$

任何一个进制数都可以按位权展开成一个多项式之和。设有数 A，整数部分为 $A_{n-1}A_{n-2}\cdots$ A_1A_0，小数部分为 $A_{-1}A_{-2}\cdots A_{-m}$，其中 n 和 m 分别代表 A 的整数和小数部分的位数，基数为 R，则 A 可以表示为：

$A=(A_{n-1}A_{n-2}\cdots A_1A_0\ A_{-1}A_{-2}\cdots A_{-m})_R$

$\quad=A_{n-1}\times R^{n-1}+A_{n-2}\times R^{n-2}+\cdots+A_1\times R^1+A_0\times R^0+A_{-1}\times R^{-1}+A_{-2}\times R^{-2}+\cdots+A_{-m}\times R^{-m}$

2.1.2 常用的几种数制

下面介绍几种常用的进制数：十进制、二进制、八进制、十六进制。

（1）十进制数（D）。

十进制数的基数为 10，数码为 0、1、2、3、4、5、6、7、8、9，共 10 个，计数规则为"逢十进一，借一当十"。任何一个十进制数都可以按位权展开为：

$=(D_{n-1}D_{n-2}\cdots D_1D_0.D_{-1}D_{-2}\cdots D_{-m})_{10}$

$=D_{n-1}\times10^{n-1}+D_{n-2}\times10^{n-2}+\cdots+D_1\times10^1+D_0\times10^0+D_{-1}\times10^{-1}+D_{-2}\times10^{-2}+\cdots+D_{-m}\times10^{-m}$

例如，十进制数 3782.54 按位权展开的形式为：

$3782.54=3\times10^3+7\times10^2+8\times10^1+2\times10^0+5\times10^{-1}+4\times10^{-2}$

（2）二进制数（B）。

计算机为什么使用二进制数呢？由于在计算机工作的过程中，要找到有 10 种稳定状态的元器件来对应十进制的 0～9 十个数码非常困难，而具有两种稳定状态的元器件却非常容易找到，如电脉冲的高低，晶体管的导通和截止，元器件的开关等。二进制的表示规则只需要两个不同的符号 0 和 1，这正好可以用两种稳定的电路状态（高或低、通或不通）来表达。使用二进制数，元器件两种状态代表的两个数码，在数字传输和处理的过程中不容易出错，因而存储的状态更加稳定可靠。同时，因为二进制数计数规则简单，符合数字控制逻辑，与其他数制相比计算速度是最快的，使得计算机中用于实现计算的运算器的硬件结构大为简化。

二进制数的基数为 2，数码只有 0 和 1 两个，计数规则是"逢二进一，借一当二"。二进制数的位权是以 2 为底的幂，如二进制数 1101.011 按位权展开的形式为：

$(1101.011)_2=1\times2^3+1\times2^2+0\times2^1+1\times2^0+0\times2^{-1}+1\times2^{-2}+1\times2^{-3}$

（3）八进制数（O 或 Q）。

八进制数的基数为 8，数码由 0、1、2、3、4、5、6、7 八个数码组成，计数规则是"逢八进一，借一当八"。八进制数的位权是以 8 为底的幂，如 7231.07 按位权展开的形式为：

$(7231.07)_8=7\times8^3+2\times8^2+3\times8^1+1\times8^0+0\times8^{-1}+7\times8^{-2}$

（4）十六进制数（H）。

十六进制数的基数为 16，数码有 16 个，用 0、1、2、3、4、5、6、7、8、9 和 A、B、C、D、E、F 表示，其中 A、B、C、D、E、F 分别表示十进制数 10、11、12、13、14、15，计数规则是"逢十六进一，借一当十六"。十六进制数的位权是以 16 为底的幂，如 2F8D.AE 按位权展开的形式为：

$(2F8D.AE)_{16}=2\times16^3+15\times16^2+8\times16^1+13\times16^0+10\times16^{-1}+14\times16^{-2}$

在表示数据时，为了区分不同进制的数，可以在数字的括号外面加数字下标，也可以在数字后面加相应的英文字母作为标识，二进制数加 B（Binary），八进制数加 O（Octal）或 Q，十进制数加 D（Decimal）或省略，十六进制数加 H（Hexadecimal）。例如，二进制数**壹零零**的表示形式为：100B 或$(100)_2$；八进制数**壹零零**的表示形式为：100Q 或$(100)_8$；十进制数一百的表示形式为：100 或 100D 或$(100)_{10}$；十六进制数**壹零零**的表示形式为：100H 或$(100)_{16}$。

二进制数、八进制数、十进制数、十六进制数的对照表如表 2-2 所示。

表 2-2　二进制数、八进制数、十进制数和十六进制数的对照表

十进制数	二进制数	八进制数	十六进制数
0	0	0	0
1	1	1	1
2	10	2	2
3	11	3	3
4	100	4	4
5	101	5	5
6	110	6	6
7	111	7	7
8	1000	10	8
9	1001	11	9
10	1010	12	A
11	1011	13	B
12	1100	14	C
13	1101	15	D
14	1110	16	E
15	1111	17	F
16	10000	20	10

2.1.3　数制间的转换

采用二进制的电子计算机中所有信息必须表示成二进制数才能进行存储和处理。然而，人们习惯使用的是十进制数，且当数字很大时，使用二进制数表示，位数会很长，不方便书写、识别和记忆，因而还经常需要借助十六进制数、八进制数等。下面介绍各种常用数制转换的方法。

（1）非十进制数转换为十进制数。

非十进制数转换为十进制数使用按位权展开法，就是把每一位的数码乘以该位位权，然后按十进制加法相加。

【例 2-1】　将二进制数 1011.01 转换为十进制数。

$1011.01B=1×2^3+0×2^2+1×2^1+1×2^0+0×2^{-1}+1×2^{-2}=8+0+2+1+0+0.25=11.25$

【例 2-2】 将八进制数 247.2 转换为十进制数。

$247.2Q=2\times 8^2+4\times 8^1+7\times 8^0+2\times 8^{-1}=128+32+7+0.25=167.25$

【例 2-3】 将十六进制数 1AE.C 转换为十进制数。

$1AE.CH=1\times 16^2+10\times 16^1+14\times 16^0+12\times 16^{-1}=256+160+14+0.75=430.75$

（2）十进制数转换为非十进制数。

十进制数转换为非十进制数时，整数部分和小数部分分别进行转换，整数部分使用除基倒序取余法，小数部分则使用乘基顺序取整法。

① 十进制整数转换为非十进制整数。

十进制整数转换为非十进制整数使用除基倒序取余法，就是先将十进制数除以需转换的数制的基数得到一个商和余数，再将得到的商除以需转换的数制的基数得到一个新的商和余数；用该基数继续去除所得的商，直至商为 0 时为止。最后按从后向前的顺序依次将每次相除得到的余数进行排列，即第一次得到的余数为最低位，最后一次得到的余数为最高位，排列的结果就是最后转换的结果。

【例 2-4】 将十进制数 29 转换为二进制数。

该例是将十进制整数转换为二进制整数，方法是用基数 2 去反复地除 29 和所得的商。

```
2 | 29  …… 1   ↑
2 | 14  …… 0
2 | 7   …… 1
2 | 3   …… 1
2 | 1   …… 1
    0
```

则得：$(29)_{10}=(11101)_2$

【例 2-5】 将十进制数 29 转换为八进制数。

该例是将十进制整数转换为八进制整数，方法是用基数 8 去反复地除 29 和所得的商。

```
8 | 29  …… 5   ↑
8 | 3   …… 3
    0
```

则得：$(29)_{10}=(35)_8$

【例 2-6】 将十进制数 29 转换为十六进制数。

该例是将十进制整数转换为十六进制整数，方法是用基数 16 去反复地除 29 和所得的商。

```
16 | 29  …… 13 …… D   ↑
16 | 1   …… 1
     0
```

则得：$(29)_{10}=(1D)_{16}$

② 十进制小数转换为非十进制小数。

十进制小数转换为非十进制小数使用乘基顺序取整法，就是将十进制小数不断地乘以需转换成的数制的基数，直到小数部分值为 0 或者达到所需的精度为止，最后按从前向后的顺序依次将每次相乘得到的整数部分进行排列，即第一次得到的整数为最高位，最后一次得到的整数为最低位，排列结果就是最后转换的结果，转换结果仍然是小数。

【例 2-7】 将十进制数 0.625 转换为二进制数。

该例是十进制小数转换为二进制小数，所以基数为 2。

$$
\begin{array}{r}
0.625 \\
\times \quad 2 \\
\hline
1.250 \quad\cdots\cdots\quad 1 \\
0.25 \\
\times \quad 2 \\
\hline
0.50 \quad\cdots\cdots\quad 0 \\
0.5 \\
\times \quad 2 \\
\hline
1.0 \quad\cdots\cdots\quad 1 \\
0.0
\end{array}
$$

则得：$(0.625)_{10}=(0.101)_2$

【例 2-8】 将十进制数 0.84375 转换为八进制数和十六进制数。

$$
\begin{array}{r}
0.84375 \\
\times \quad 8 \\
\hline
6.75000 \quad\cdots\cdots\quad 6 \\
0.75 \\
\times \quad 8 \\
\hline
6.00 \quad\cdots\cdots\quad 6 \\
0.00
\end{array}
\qquad
\begin{array}{r}
0.84375 \\
\times \quad 16 \\
\hline
13.50000 \quad\cdots\cdots\quad 13 \quad\cdots\cdots\quad D \\
0.5 \\
\times \quad 16 \\
\hline
8.0 \quad\cdots\cdots\quad 8 \\
0.0
\end{array}
$$

则得：$(0.84375)_{10}=(0.66)_8$ $\qquad$ $(0.84375)_{10}=(0.D8)_{16}$

【例 2-9】 将十进制数 29.625 转换为二进制数。

按照例 2-4 和例 2-7 所述：$(29)_{10}=(11101)_2$，$(0.625)_{10}=(0.101)_2$

所以：$(29.625)_{10}=(11101.101)_2$

（3）二进制数与八进制数、十六进制数之间的转换。

① 二进制数与八进制数之间的转换。

二进制数转换成八进制数：以小数点为中心，整数部分从小数点左边第一位向左，小数部分从小数点右边第一位向右，每 3 位划分成一组，不足 3 位时，整数部分在最左边以 0 补足 3 位，小数部分在最右边以 0 补足 3 位，每组分别转化为对应的一位八进制数，最后将这些数字从左到右连接起来即可。

八进制数转换成二进制数：将每一位八进制数转换成对应的 3 位二进制数即可。

【例 2-10】 将二进制数 10101100.0101 转换为八进制数。

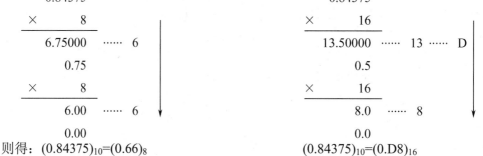

$(10101100.0101)_2=(254.24)_8$

【例 2-11】 将八进制数 276.53 转换为二进制数。

$$
\begin{array}{ccccc}
2 & 7 & 6 \cdot & 5 & 3 \\
\hline
010 & 111 & 110 \cdot & 101 & 011
\end{array}
$$

$(276.53)_8=(101111\ 10.101011)_2$

② 二进制数与十六进制数之间的转换。

十六进制数的基数为 16，由数码 0～9，A～F 组成，用 4 位二进制数即可表示 1 位十六进制数。这样，二进制数与十六进制数之间的转换规则是：1 位十六进制数转换成 4 位二进制数，4 位二进制数对应 1 位十六进制数。

【例 2-12】 将十六进制数 67F.68H 转换为二进制数。

$$
\begin{array}{ccccc}
6 & 7 & F \cdot & 6 & 8 \\
\updownarrow & \updownarrow & \updownarrow & \updownarrow & \updownarrow \\
0110 & 0111 & 1111 \cdot & 0110 & 1000
\end{array}
$$

67F.68H=11001111111.01101B

【例 2-13】 将二进制数 10110010010.10101 转换为十六进制数。

$$
\begin{array}{ccccc}
0101 & 1001 & 0010 \cdot & 1010 & 1000 \\
\hline
5 & 9 & 2 \cdot & A & 8
\end{array}
$$

10110010010.10101B=592.A8H

2.1.4 二进制的运算

二进制数的运算分为算术运算和逻辑运算两类。

（1）算术运算。

二进制数的算术运算与十进制数的相同，有加、减、乘、除四则运算，但运算更简单，只需遵循"逢二进一，借一当二"的计数规则。

二进制数的加法运算法则是：

0+0=0   0+1=1   1+0=1   1+1=10

二进制数的减法运算法则是：

0-0=0   0-1=1   1-0=1   1-1=0

二进制数的乘法运算法则是：

0×0=0   0×1=0   1×0=0   1×1=1

二进制数的除法运算法则是：

0÷0 无意义   0÷1=0   1÷0 无意义   1÷1=1

【例 2-14】 $(11001)_2+(101)_2=(11110)_2$

$$
\begin{array}{r}
11001 \\
+\ \ \ \ 101 \\
\hline
11110
\end{array}
$$

【例 2-15】 $(1110)_2-(101)_2=(1001)_2$

$$11\overline{\smash{\big)}\,10}^{\;02}$$
$$-\quad\ \ 101$$
$$\overline{\qquad\ 1001}$$

【例 2-16】 $(1011)_2 \times (110)_2 = (1000010)_2$

$$\begin{array}{r} 1011 \\ \times\quad 110 \\ \hline 0000 \\ 1011 \\ +\ 1011 \\ \hline 1000010 \end{array}$$

【例 2-17】 $(1000010)_2 \div (110)_2 = (1011)_2$

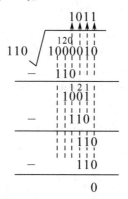

（2）逻辑运算。

二进制数有逻辑与、逻辑或、逻辑非和逻辑异或 4 种逻辑运算，逻辑值有逻辑"真"（用 1 表示）和逻辑"假"（用 0 表示）两个。逻辑运算是按位进行的，没有进位和借位。

① 逻辑与。

逻辑与又称逻辑乘，运算符用"×"或者"∧"表示，运算规则如下：

$0 \wedge 0 = 0 \quad 0 \wedge 1 = 0 \quad 1 \wedge 0 = 0 \quad 1 \wedge 1 = 1$

即只有当参与逻辑与运算的两个数均为 1 时，结果才为 1，否则结果为 0。

【例 2-18】 $10011 \wedge 11101 = 10001$

② 逻辑或。

逻辑或又称逻辑加，运算符用"+"或者"∨"表示，运算规则如下：

$0 \vee 0 = 0 \quad 0 \vee 1 = 1 \quad 1 \vee 0 = 1 \quad 1 \vee 1 = 1$

即只有当参与逻辑或运算的两个数均为 0 时，结果才为 0，否则结果为 1。

【例 2-19】 $10001 \vee 11101 = 11101$

③ 逻辑非。

逻辑非又称逻辑否定。逻辑非的运算符一般用"！"表示。如果变量为 A，则它的逻辑非运算结果为对 A 的各位数取反，运算规则如下：

$!0 = 1 \qquad !1 = 0$

④ 逻辑异或。

逻辑异或的运算符用"−∨"表示，运算规则如下：

$0-\vee 0=0$　$0-\vee 1=1$　　$1-\vee 0=1$　　　$1-\vee 1=0$

即只有当两个数取不同值时，结果才为 1，否则结果为 0。

【例 2-20】 $10001-\vee 11101=01100$

2.1.5 原码、反码和补码

在生活中，人们使用的数据有正数和负数，但计算机只能直接识别和处理用 0 和 1 表示的二进制数据，所以就需要用 0 和 1 来表示正号和负号。在计算机中，采用二进制表示数的符号位和数的数值的数据，称为机器数或机器码。将带符号位的机器数对应的真正数值称为机器数的真值。

（1）数的符号数值化。

在计算机中，机器数规定数的最高位为符号位，用 0 表示正号（+），1 表示负号（-），其余各位表示数值。这类编码方法，常用的有原码、反码和补码 3 种。

① 原码。

原码就是机器数，规定最高位为符号位，0 表示正数，1 表示负数，数值部分在符号位后面，并以绝对值形式给出。

例如，规定机器的字长为 8 位，则数值 105 的原码表示为 01101001B，因为它是正数，所以符号位是 0，数值位是 1101001。而数值-105 的原码表示为 11101001B，因为它是负数，所以符号位是 1，数值位不变，为 1101001。

在原码表示法中，0 可以表示为+0 和-0，+0 的原码为 00000000B，而-0 的原码为 10000000B，也就是说，0 的原码有两个。

② 反码。

正数的反码就是它的原码，负数的反码是将除符号位的各位取反得到的。

例如，$[105]_反=[105]_原=01101001B$，而$[-105]_反=10010110B$。

在反码中，0 也可以表示为+0 和-0，$[+0]_反=00000000B$，$[-0]_反=11111111B$。

③ 补码。

正数的补码就是它的原码，负数的补码是将它的反码在末位加 1 得到的。

例如，$[105]_补=[105]_原=01101001B$，而$[-105]_补=[-105]_反+1=10010110+1=10010111B$。

在补码中，0 只有一种表示法，即$[0]_补=[+0]_补=[-0]_补=00000000$。

引进补码的概念，可以使减法化作"加一个负数"的加法来完成，这样只需用加法器就可以实现减法运算，减少逻辑电路的种类，提高硬件的可靠性。

【例 2-21】计算 15-3=？

$(15)_{10}=[(00001111)_2]_原=[(00001111)_2]_反=[(00001111)_2]_补$

$(-3)_{10}=[(10000011)_2]_原=[(11111100)_2]_反=[(11111101)_2]_补$

$(15-3)_{10}=(15)_{10}+(-3)_{10}$

$\qquad =[(00001111)_2]_补+[(11111101)_2]_补$

$\qquad =[(00001100)_2]_补$　　　　　　　　最高位溢出

$\qquad =[(00001100)_2]_原$

$\qquad =(12)_{10}$

（2）实数的计算机表示。

在生活中，人们把小数问题用一个"."表示。但是对于计算机而言，除了"0"和"1"，没有别的形式。在计算机中没有专门表示小数点的位置，主要采用两种方法表示小数点：一种规定小数点位置固定不变，称为定点数；另一种规定小数点位置可以浮动，称为浮点数。

① 定点数表示法。

定点数中的小数点位置是固定的。根据小数点的位置不同，定点数分为定点整数和定点小数两种。对于定点整数，小数点约定在最低位的右边，表示纯整数。定点小数约定小数点在符号位之后，表示纯小数。例如，−65 在计算机内用定点整数的原码表示时，是 11000001；而−0.6875 用定点小数表示时，是 11011000。

定点小数只能表示绝对值小于 1 的纯小数，绝对值大于或等于 1 的数不能用定点小数表示，否则会产生溢出。如果机器的字长为 m 位，则定点小数的绝对值不能超过 $1-2^{-(m-1)}$，如 8 位字长的定点小数 x 的表示范围为$|x|\leqslant127/128$。定点整数表示的数的绝对值只在某一范围内。如果机器的字长为 m 位，则定点整数的绝对值不能超过 $2^{m-1}-1$，否则也会产生溢出，如 8 位字长的定点整数 x 的表示范围为$|x|\leqslant127$。

由此可见，定点数虽然表示简单和直观，但它能表示的数的范围有限，不够灵活方便。

② 浮点数表示法。

实数是生活中常用的数，实数是既有整数又有小数的数，实数有多种表示方式。通常，一个实数总可以表示成一个纯小数和一个幂的乘积，例如：$345.67=0.34567\times10^3=0.034567\times10^4=\cdots\cdots$由此可见，在十进制数中一个数的小数点的位置可以通过乘以 10 的幂次来调整。二进制数也可以采用类似的方法。例如：$101.1001=0.1011001\times2^3=0.01011001\times2^4\cdots\cdots$

假设任意一个二进制数 N 可以写成：$M\times2^E$，其中 M 称为数 N 的尾数，E 称为数 N 的阶码。为了使数的有效数字尽可能多地占据尾数部分，以便提高表示数的精确度，规定非零浮点数的尾数 M 最高位必须是 1。计算机中阶码一般用补码定点整数表示，尾数用补码或原码定点小数表示。浮点数在计算机内部的存储形式如图 2-1 所示。

阶码符号	阶码的值	尾数符号	尾数的值

图 2-1　浮点数在计算机内部的存储形式

在图 2-1 中，阶码符号和阶码的值组成阶码，尾数符号和尾数的值组成尾数，因此浮点数 N=尾数$\times2^{阶码}$。通常规定尾数决定数的精度，阶码决定数的表示范围。

例如，二进制数 $N=(10101100.01)_2$，用浮点数可以写成 0.1010110001×2^8，其尾数为 1010110001，阶码为 1000。这个数在机器中的表示形式（机器字长为 32 位，阶码用 8 位表示，尾数为 24 位）如图 2-2 所示。

0	0001000	0	0000000000001010110001
阶码符号	阶码	尾数符号	尾数

图 2-2　浮点数$(10101100.01)_2$在机器中的表示形式

2.2　计算机中数据的存储单位

计算机中采用二进制表示信息，常用的信息存储单位为位、字节和字长。

2.2.1 位

位是计算机中数据存储的最小单位，通常叫作比特（bit），用 b 表示，它是二进制数的一个数位。一个二进制位可表示两种状态（0 或 1），两个二进制位可表示 4 种状态（00，01，10，11）。n 个二进制位可表示 2^n 种状态。

2.2.2 字节

字节（byte）是表示计算机存储容量大小的单位，用 B 表示。1 字节由 8 位二进制数组成。由于计算机存储和处理的信息量很大，人们常用千字节（KB）、兆字节（MB）、吉字节（GB）和太字节（TB）作为存储容量单位。所谓存储容量指的是存储器中能够包含的字节数。

它们之间存在下列换算关系：

1B=8bits

$1KB=2^{10}B=1024B$

$1MB=2^{10}KB=1024KB$

$1GB=2^{10}MB=1024MB$

$1TB=2^{10}GB=1024GB$

2.2.3 字长

字长是计算机一次操作处理的二进制位数的最大长度，是计算机存储、传送、处理数据的信息单位。字长是计算机性能的重要指标，字长越长，计算机的功能就越强。不同档次的计算机字长不同，如 8 位机、16 位机（如 286 机、386 机）、32 位机（如 586 机）、64 位机等。

2.3 字符信息编码

信息编码是计算机在进行信息处理时赋予信息元素以代码的过程，是为了方便计算机用户对信息的存储、检索和使用。信息编码的目的是为计算机中的数据与实际处理的信息之间建立联系，提高信息处理的效率。对信息进行合理、有效的编码，是计算机能够正确、有效处理各种问题的先决条件。

2.3.1 BCD 码

BCD 码（Binary-Coded Decimal）是一种二进制的数字编码形式，是用二进制编码的十进制代码。具体来说，就是用 4 位二进制数来表示 1 位十进制数中的 0～9 这十个数码。采用 BCD 码，既可以保存数值的精确度，又可以免去使用计算机做浮点运算时所耗费的时间。由于会计制度经常需要对很长的数字串做准确的计算，因此，BCD 码常用于会计系统的设计中。

2.3.2 ASCII 码

计算机只能处理二进制数，所以计算机中的各种信息都需要按照一定的规则用若干位二进制码来表示，这种处理数据的方法就叫编码，也叫字符编码。目前，世界上最通用的字符编码是 ASCII 码。

ASCII 码的全称为美国标准信息交换代码（American Standard Code for Information Interchange），用于给西文字符编码。ASCII 码由 7 位二进制数组合而成，可以表示 128 个字符。其中包括 34 个通用控制字符，10 个阿拉伯数字，26 个大写英文字母，如图 2-3 所示。

高四位 / 低四位		ASCII非打印控制字符										ASCII打印字符												
		0000					0001					0010		0011		0100		0101		0110		0111		
		0					1					2		3		4		5		6		7		
		十进制	字符	ctrl	代码	字符解释	十进制	字符	ctrl	代码	字符解释	十进制	字符	十进制	字符	十进制	字符	十进制	字符	十进制	字符	十进制	字符	ctrl
0000	0	0	BLANK NULL	^@	NUL	空	16	▶	^P	DLE	数据链路转意	32		48	0	64	@	80	P	96	、	112	p	
0001	1	1	☺	^A	SOH	头标开始	17	◀	^Q	DC1	设备控制1	33	!	49	1	65	A	81	Q	97	a	113	q	
0010	2	2	☻	^B	STX	正文开始	18	↕	^R	DC2	设备控制2	34	″	50	2	66	B	82	R	98	b	114	r	
0011	3	3	♥	^C	ETX	正文结束	19	!!	^S	DC3	设备控制3	35	#	51	3	67	C	83	S	99	c	115	s	
0100	4	4	◆	^D	EOT	传输结束	20	¶	^T	DC4	设备控制4	36	$	52	4	68	D	84	T	100	d	116	t	
0101	5	5	♣	^E	ENQ	查询	21	ϕ	^U	HAK	反确认	37	%	53	5	69	E	85	U	101	e	117	u	
0110	6	6	♠	^F	ACK	确认	22	■	^V	SYN	同步空闲	38	&	54	6	70	F	86	V	102	f	118	v	
0111	7	7	●	^G	BEL	振铃	23	↨	^W	ETB	传输块结束	39	'	55	7	71	G	87	W	103	g	119	w	
1000	8	8	◘	^H	BS	退格	24	↑	^X	CAN	取消	40	(	56	8	72	H	88	X	104	h	120	x	
1001	9	9	○	^I	LAB	水平制表符	25	↓	^Y	EM	媒体结束	41	)	57	9	73	I	89	Y	105	i	121	y	
1010	A	10	◙	^J	LF	换行/新行	26	→	^Z	SUB	替换	42	*	58	:	74	J	90	Z	106	j	122	z	
1011	B	11	♂	^X	VT	竖直制表符	27	←	^[	SEC	转意	43	+	59	;	75	K	91	[	107	k	123	{	
1100	C	12	♀	^L	FF	换页/新页	28	∟	^\	FS	文件分隔符	44	,	60	<	76	L	92	\	108	l	124	[	
1101	D	13	♪	^M	CR	回车	29	↔	^]	GS	组分隔符	45	-	61	=	77	M	93	]	109	m	125	}	
1110	E	14	♫	^N	SO	移出	30	▲	^6	RS	记录分隔符	46	.	62	>	78	N	94	^	110	n	126	~	
1111	F	15	☼	^O	SI	移入	31	▼	^-	US	单元分隔符	47	/	63	?	79	O	95	_	111	o	127	Δ	Back Space

注：表中的ASCII字符可以用：ALT+“小键盘上的数字键”输入

图 2-3 ASCII 码表

计算机的基本存储单位是字节，7 位 ASCII 编码在计算机内仍然占用 8 位，该字符编码的第八位（也就是最高位）自动为 0，也就是说 1 个字符编码占用 1 字节。

后来又出现了扩充 ASCII 码，即用 8 位二进制数构成一个字符编码，共有 256 个符号。扩充 ASCII 码在原有的 128 个字符基础上，又增加了 128 个字符来表示一些常用的科学符号和表格线条。

2.3.3 汉字编码

ASCII 码是对英文字母、数字和标点符号等基本字符进行编码。使用计算机处理汉字，同样也需要对汉字进行编码。这些编码主要包括汉字输入码、汉字信息交换码、汉字内码、汉字字形码等。

（1）汉字输入码。

为了将汉字输入计算机而编制的代码称为汉字输入码，也叫外码。广泛使用的汉字输入码有以下四大类：

① 数字编码。

输入 4 位数字代表一个确定的汉字。电报码、区位码都是这种编码。图 2-4 就是汉字区位码表的部分编码。

啊 (1601)	阿 (1602)	埃 (1603)	挨 (1604)	哎 (1605)	唉 (1606)	哀 (1607)	皑 (1608)	癌 (1609)	蔼 (1610)
矮 (1611)	艾 (1612)	碍 (1613)	爱 (1614)	隘 (1615)	鞍 (1616)	氨 (1617)	安 (1618)	俺 (1619)	按 (1620)
暗 (1621)	岸 (1622)	胺 (1623)	案 (1624)	肮 (1625)	昂 (1626)	盎 (1627)	凹 (1628)	敖 (1629)	熬 (1630)
翱 (1631)	袄 (1632)	傲 (1633)	奥 (1634)	懊 (1635)	澳 (1636)	芭 (1637)	捌 (1638)	扒 (1639)	叭 (1640)
吧 (1641)	笆 (1642)	八 (1643)	疤 (1644)	巴 (1645)	拔 (1646)	跋 (1647)	靶 (1648)	把 (1649)	耙 (1650)
坝 (1651)	霸 (1652)	罢 (1653)	爸 (1654)	白 (1655)	柏 (1656)	百 (1657)	摆 (1658)	佰 (1659)	败 (1660)
拜 (1661)	稗 (1662)	斑 (1663)	班 (1664)	搬 (1665)	扳 (1666)	般 (1667)	颁 (1668)	板 (1669)	版 (1670)
扮 (1671)	拌 (1672)	伴 (1673)	瓣 (1674)	半 (1675)	办 (1676)	绊 (1677)	邦 (1678)	帮 (1679)	梆 (1680)
榜 (1681)	膀 (1682)	绑 (1683)	棒 (1684)	磅 (1685)	蚌 (1686)	镑 (1687)	傍 (1688)	谤 (1689)	苞 (1690)
胞 (1691)	包 (1692)	褒 (1693)	剥 (1694)	薄 (1701)	雹 (1702)	保 (1703)	堡 (1704)	饱 (1705)	宝 (1706)
抱 (1707)	报 (1708)	暴 (1709)	豹 (1710)	鲍 (1711)	爆 (1712)	杯 (1713)	碑 (1714)	悲 (1715)	卑 (1716)
北 (1717)	辈 (1718)	背 (1719)	贝 (1720)	钡 (1721)	倍 (1722)	狈 (1723)	备 (1724)	惫 (1725)	焙 (1726)

图 2-4 部分汉字区位码编码

② 字音编码。

输入汉语拼音代表一个汉字。全拼和双拼都是这种编码。

③ 字形编码。

汉字是由笔画构成的，输入数字和字母来表示笔画，从而组合成一个汉字。五笔字型、表形码都是这种编码。图 2-5 是五笔字型输入法的字根图。

④ 音形编码。

结合字音编码和字形编码的优点，输入拼音和表示笔画的数字来表示一个汉字。在智能 ABC 输入法中包含这种编码。

例如，汉字"啊"，使用微软拼音输入法，其输入码为：a；使用五笔字型输入法，其输入码为：kbsk；使用区位码输入法，其输入码为：1601。

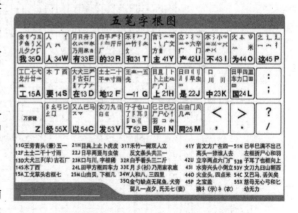

图 2-5 五笔字型输入法的字根图

（2）汉字信息交换码。

同一个汉字因为输入法不同，它的输入码是不同的，如何在计算机内部将不同输入码输入的汉字进行统一呢？我国在 1981 年制定了国家标准汉字编码 GB2312—1980，简称国标码。该国标码对 6000 多常用汉字进行了统一编码，也就是说，无论用何种输入法输入汉字，它所对应的二进制代码是一致的，也是唯一的。

① GB2312—1980。

GB2312—1980 收录了 7445 个汉字和非汉字图形符号，其中汉字 6763 个，非汉字图形符号 682 个。6763 个汉字按照汉字的使用频率、组词能力以及用途大小分为一级常用汉字 3755 个和二级常用汉字 3008 个。一级常用汉字是按照拼音字母顺序排列的，对于同音字，按起笔笔画顺序排列，如果起笔笔画相同，则按第二笔的笔画顺序排列，依此类推。二级常用汉字按部首顺序排列。

整个字符集分为 94 个区，每个区有 94 个位。每个区位上只有一个字符，因此用汉字所在的区和位来对汉字进行编码。01～09 区为特殊符号，16～55 区为一级汉字，56～87 区为二级汉字，10～15 区和 88～94 区没有编码。图 2-6 截取了 GB2312—1980 编码表前 19 区的内容，将图中用黑色线条框选部分放大，如图 2-7 所示。

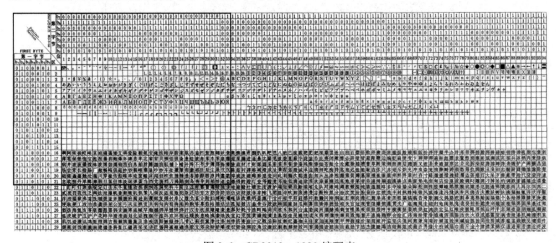

图 2-6　GB2312—1980 编码表

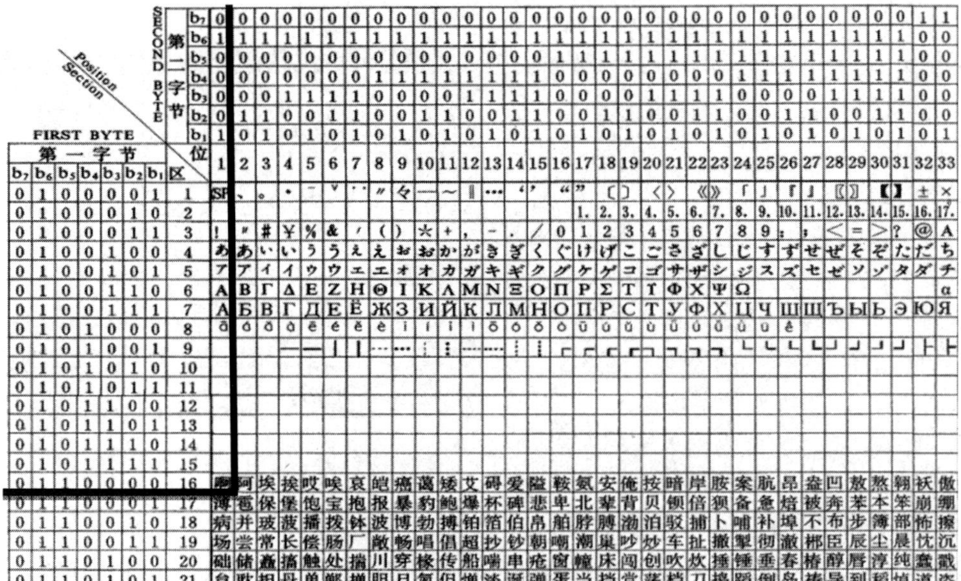

图 2-7　GB2312—1980 编码表（部分）

通过查该编码表可知，汉字"啊"所对应的国标码为3021H（十六进制数表示），其中30H（0011 0000B）为汉字所在区，21H（0010 0001B）为汉字所在区中的位。

② GBK。

简单来说，GBK是对GB2312的进一步扩展（K是汉语拼音kuo zhan（扩展）中"扩"字的声母）。GBK编码收录了21886个汉字和符号，完全兼容GB2312。

③ GB18030。

GB18030收录了70244个汉字和字符，更加全面，与GB 2312—1980和GBK兼容。GB18030支持少数民族的汉字，也包含繁体汉字和日韩汉字。其编码是单、双、四字节变长编码。

（3）汉字内码。

汉字在计算机内部以二进制代码形式存储时，并不使用国标码，而使用汉字的内码（也称机内码）。汉字的内码是在GB2312—1980编码的基础上变化而来的。为了避免汉字与英文字符存储时发生冲突，把汉字对应国标码编码的二进制区码（1字节）最高位和二进制位码（1字节）的最高位设置为1，表示汉字。1字节最高位为0的二进制编码则表示ASCII码所对应的字母。这样，计算机在处理信息时，能区分代码对应的是英文字符还是汉字符号。

例如，汉字"啊"的国标码为3021H，转换成十六进制和二进制编码如表2-3所示。

表2-3 汉字"啊"的国标码十六进制表示及二进制表示

"啊"	区	位
国标码（十六进制）	3 0	2 1
国标码（二进制）	0011 0000	0010 0001
ASCII字符	0	!

查阅ASCII码表会发现，字符"0"的二进制编码为"0011 0000"，字符"!"的二进制编码为"0010 0001"。也就是说，如果在计算机内部用国标码"0011 0000 0010 0001"表示汉字"啊"，则可以被计算机理解为是两个字符的组合"0!"。因此，在计算机内部不使用国标码来存储汉字，而使用变化后的汉字内码来存储汉字，如表2-4所示，将二进制区码高位置1，二进制位码高位置1，这样就可以将汉字编码与字符编码区别开来。在ASCII码表中，所有字符编码的最高位都是0。

表2-4 汉字国标码和机内码的关系

"啊"	区	位
国标码（二进制）	0011 0000	0010 0001
汉字内码（二进制）	1011 0000	1010 0001
汉字内码（十六进制）	B 0	A 1

（4）汉字字形码。

汉字的字形码又称汉字的输出码。当需要将汉字输出在屏幕上或打印在纸张上时，需要将汉字的内码还原成汉字进行输出。通常，汉字的显示和打印大多是通过汉字字符点阵来实现的，即将一个汉字分解成由若干"点"组成的点阵字形。点阵中的每个点可以有黑、白两种颜色，有字形笔画的点是黑色，用1表示，没有字形笔画的点是白色，用0表示。这样，用一组由0、1组成的字符串就可以表示一个点阵，也就是一个汉字了，如图2-8所示。

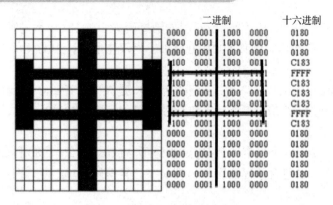

图 2-8　"中"字字符 16×16 点阵

　　根据汉字不同字体的要求，汉字的点阵大小也有所不同，有 16×16 点阵、24×24 点阵、48×48 点阵、64×64 点阵、96×96 点阵、256×256 点阵等。点阵越大，所需要存储的空间也就越大。例如，对于 16×16 点阵的汉字，需要用 32 字节存储（见图 2-8）；对于 32×32 点阵的汉字，需要用 128 字节存储。另外，不同的字体有不同的字形码，所有汉字字形码构成汉字字库。

　　汉字各类编码之间的关系如图 2-9 所示。

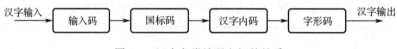

图 2-9　汉字各类编码之间的关系

2.3.4　全球通用的字符编码

　　（1）Unicode 编码。

　　Unicode 编码又称统一码、万国码，是由 Xerox、Apple 等软件制造商于 1988 年组成的统一码联盟制定的旨在容纳全球所有字符的编码方案。它将世界上所有的符号都纳入其中，每个符号都给予一个独一无二的二进制编码，以满足跨语言、跨平台的要求。

　　Unicode 是一个很大的集合，现在的规模可以容纳 100 多万个符号。每个符号的编码都不一样，例如，U+0639 表示阿拉伯字母"ع"（Ain），U+0041 表示英语的大写字母"A"，U+4E25 表示汉字"严"。

　　（2）UCS。

　　事实上，除了 Unicode 在试图制定全球统一的通用字符集，国际标准化组织（ISO）也在制定相应的标准，其中通用多八位编码字符集（Universal Multiple-Octet Coded Character Set），简称通用字符集（Universal Character Set，UCS），就是由 ISO 制定的 ISO 10646 标准所定义的字符集，是与 Unicode 并行的标准。最初，ISO 与统一码联盟各自开发各自的项目，后来，双方进行了整合，并使彼此制定的标准相互兼容，以使两者保持一致。不过 Unicode 的知名度比 UCS 更大，应用也更广泛。

　　（3）UTF-8 编码规则。

　　Unicode 只是一个符号集，它只规定了符号的二进制代码，却没有规定这个二进制代码应该如何存储。例如，汉字"严"的 Unicode 编码是十六进制数 4E25，转换成二进制数足足有 15 位（100111000100101），这个符号的表示至少需要 2 字节。表示其他符号，可能需要 3 字节或 4 字节，甚至更多。那么到底多少字节表示一个符号？Unicode 没有规定，这样，计算机在读取和处理数据时无法进行区分。

同时，如果按 Unicode 统一规定，每个符号需要用 3 字节或 4 字节表示，那么每个英文字母 Unicode 编码前都必然有 2 字节到 3 字节是 0，这对于存储来说是极大的浪费，文本文件的大小会因此大出二三倍。

UTF-8（8 位元，Universal Character Set/Unicode Transformation Format）是目前在互联网上使用很广的一种 Unicode 编码的实现方式。它是针对 Unicode 的一种可变长度字符编码。它可以用来表示 Unicode 标准中的任何字符，而且其编码中的第一字节仍与 ASCII 相容，使得原来处理 ASCII 字符的软件无须或只进行少部分修改后，便可继续使用。因此，它逐渐成为电子邮件、网页及其他存储或传送文字的应用中，优先采用的编码。其他编码方式还包括 UTF-16（字符用 2 字节或 4 字节表示）和 UTF-32（字符用 4 字节表示）等。

UTF-8 的编码规则很简单，只有两条：

① 对于单字节的符号，字节的第一位设为 0，后面 7 位为这个符号的 Unicode 码。因此对于英语字母，UTF-8 编码和 ASCII 码是相同的。

② 对于 n 字节的符号（$n>1$），（从左往右数）第一字节的前 n 位都设为 1，第 $n+1$ 位设为 0，后面字节的前两位一律设为 10。剩下的没有提及的二进制位，全部为这个符号的 Unicode 码。

表 2-5 总结了编码规则，字母 x 表示可用编码的位。

表 2-5　UTF-8 编码规则

Unicode 符号范围 （十六进制）	UTF-8 编码方式 （二进制）
0000 0000～0000 007F	0xxxxxxx
0000 0080～0000 07FF	110xxxxx 10xxxxxx
0000 0800～0000 FFFF	1110xxxx 10xxxxxx 10xxxxxx
0001 0000～0010 FFFF	11110xxx 10xxxxxx 10xxxxxx 10xxxxxx

根据表 2-5 解读 UTF-8 编码非常简单。如果 1 字节的第一位是 0，则该字节单独就是一个字符；如果第一位是 1，则连续有多少个 1，就表示当前字符占用多少字节。

以汉字"严"为例，"严"的 Unicode 编码是 4E25（1001110 00100101），根据表 2-5 可以发现 4E25 处在第三行的范围内（0000 0800～0000 FFFF），因此"严"的 UTF-8 编码需要占用字节，即格式是 1110xxxx 10xxxxxx 10xxxxxx。然后，从"严"的最后一个二进制位开始，依次从后向前填入格式中的 x，多出的位补 0。这样，就得到了"严"的 UTF-8 编码是 11100100 10111000 10100101，转换成十六进制就是 E4B8A5。

2.4　多媒体信息编码

20 世纪以来，人类的生产生活方式发生了巨大变化，大量的图片、声音、视频需要通过计算机网络进行传输和处理。因此，除了需要对文字符号进行编码，我们还需要对音频、图像、视频等信息进行编码、解码。由于这类信息最初都是非数字化信息，所包含的信息量更大，更为复杂，计算机在对其编码时还需考虑有损采样，占用存储空间等问题。

2.4.1　音频编码

声音信号处理的过程依次如下：

发出声音→声电转换→抽样（模/数转换）→量化（将数字信号用适当的数值表示）→编码（数据压缩）→传输（网络或其他方式）→解码（数据还原）→反抽样（数/模转换）→电/声转换→听到声音

声音是一种能量波，有频率和振幅特征，频率对应于时间轴线，振幅对应于电平轴线。现实中的声音通过话筒等装置可以转换成光滑连续的声波曲线，这是模拟电信号。这种模拟信号无法由计算机直接处理，必须先对其进行数字化。

把模拟声音信号转变为数字声音信号的过程称为声音的数字化，声音的数字化过程包括采样、量化和编码三个步骤，如图 2-10 所示。采样是指在模拟音频的波形上每隔一定间隔取一个幅度值。量化是将采样得到的幅度值进行离散、分类并赋值的过程。编码就是将量化后的数值用二进制数来表示。

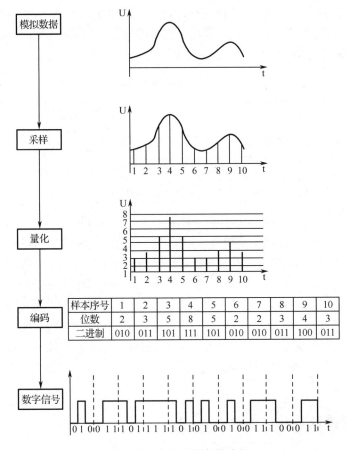

图 2-10　声音的数字化过程

根据采样率和采样大小可以得知，音频编码目前最多只能做到无限接近原信号。在计算机应用中，能够达到最高保真水平的就是 PCM 编码，被广泛应用于素材保存及音乐欣赏。但是，PCM 编码需要占用大量的存储空间，因此需要将数据进行压缩。由于用途和针对的目标不同，各种音频压缩编码所达到的音质和压缩比都不一样。

根据编码方式的不同，音频编码技术分为波形编码、参数编码和混合编码 3 种。一般来说，参数编码的编码率很低，产生的合成语音音质不高；波形编码的语音质量高，但是编码率也高；混合编码使用波形编码技术和参数编码技术，编码率介于两者之间。

① 波形编码的基本原理是不利用生成音频信号的任何参数，直接在时间轴上对模拟语音信号按一定的速率抽样，然后将幅度样本分层量化，并用代码表示。波形编码方法简单，延迟时间短，音质高，不足之处是压缩比相对较低，导致较高的编码率，对传输通道的错误比较敏感。最简单的波形编码方法是 PCM（Pulse Code Modulation，脉冲编码调制）。

② 参数编码是从语音波形信号中提取生成语言的参数，使用这些参数通过语音生成模型重构出语音。也就是说，参数编码是把语音信号产生的数字模型作为基础，然后求出数字模型的模型参数，再按照这些参数还原数字模型，进而合成语音。由于产生的语音信号是通过建立的数字模型还原出来的，因此重构的语音信号波形与原始语音信号的波形可能存在较大的区别，失真会比较大。不过虽然参数编码的音质比较低，但是保密性很好，一直被应用在军事上。典型的参数编码方法为 LPC（Linear Predictive Coding，线性预测编码）。

③ 混合编码是指同时使用两种或两种以上的编码方法进行编码。这种编码方法克服了波形编码和参数编码的弱点，并结合了波形编码的高质量和参数编码的低编码率，能够取得比较好的效果。

常用的音频文件编码格式有 WAV 格式、MP3 格式、MP3PRO 格式、WMA 格式、RA 格式等。

① WAV 格式：这是一种古老的音频文件格式，由微软开发。在 Windows 平台下，基于 PCM 编码的 WAV 是被支持得最好的音频格式，所有音频软件都能完美支持。由于本身可以达到较高的音质要求，因此，WAV 也是音乐编辑创作的首选格式，适合保存音乐素材。

② MP3 格式：MP3 作为目前最为普及的音频压缩格式，为大家所普遍接受。各种与 MP3 相关的软件层出不穷，更多的硬件产品也开始支持 MP3。早期的 MP3 编码技术由于缺乏对声音和人耳听觉的研究，几乎全是以粗暴的方式来编码，音质破坏严重。随着人耳听觉心理模型的导入以及 VBR（Variable bitrate，动态数据速率）技术的应用，使得 MP3 编码技术发生了翻天覆地的音质革命。MP3 格式的特点是音质好，压缩比较高，被大量软件和硬件支持，应用广泛。

③ MP3PRO 格式：这是一种基于 MP3 编码技术的改良方案，本身最大的技术亮点是 SBR（Spectral Band Replication，频段复制），这是一种新的音频编码增强算法，可以改善低数据流量下的高频音质。

④ WMA 格式：就是 Windows Media Audio 编码后的文件格式，由微软开发。WMA 针对的不是单机市场，而是网络。WMA 支持防复制功能，可以限制播放时间和播放次数甚至播放机器等。同时 WMA 支持流技术，即一边读一边播放，因此，WMA 可以轻松实现在线广播。

⑤ RA 格式：RA 就是 RealAudio 格式，大部分音乐网站的在线试听都采用 RA 格式。与 WMA 一样，RA 不但支持边读边放，还支持使用特殊协议来隐匿文件的真实网络地址，从而实现只在线播放而不提供下载的欣赏方式。这对唱片公司和唱片销售公司非常重要，RA 和 WMA 是目前互联网上，用于在线试听最多的音频媒体格式。

2.4.2 图形图像编码

利用图形、图像表达和传递信息，已经成为当今利用多媒体交流信息的重要方式。图形图像不仅可以承载比字符更为丰富的信息，而且具有生动直观的视觉效果。在计算机中，图形和图像既有联系又有区别。虽然它们都表达了一幅图，但是图的产生、处理和存储的方式不同。

图形是由直线、圆等图元组成的画面，以矢量图形文件形式存储。计算机存储的是生成图形的指令，因此，不必对图形中的每一点进行数字化处理。

图像是一种模拟信号，如照片、海报、水彩画等，如果将这种图像用电信号表示，所显示的波形是连续变化的。计算机中存放的图像，是对现实中的图像数字化处理后的结果。

图像数字化方法有两种：一种是直接由扫描仪、数字照相机等输入设备捕捉到的真实画面产生的影像，将其数字化后以位图形式存储；另一种是对模拟图像经过特殊设备的处理，如量化、采样等，转化成计算机可以识别的二进制数表示的数字图像。

将模拟信息的实物图像转换成数字化图像的过程就是图像信息的数字化过程，这个过程主要包含采样、量化和编码三个步骤。

图像信息是如何编码的呢？计算机以数字的方式存储图像信息。按行和列将图像分割成 $m×n$ 个网格，然后用一个 $m×n$ 的像素矩阵来表达这个图像。网格的密度被称为图像的分辨率，分辨率越高，图像就越精细，失真情况也就越小。

图 2-11 是一个 48×40 个网格的单色图像颜色编码示意图，像素点包含的颜色只有黑色和白色。用 1 来表示黑色，用 0 来表示对应的白色，就能表达一个简单的单色图像。

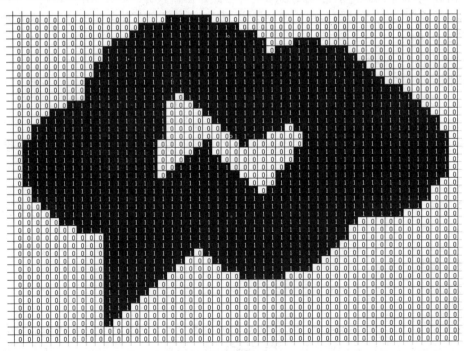

图 2-11　48×40 个网格的单色图像颜色编码示意图

2.4.3 颜色编码

颜色是通过眼、脑和我们的生活经验所产生的一种对光的视觉效应。我们肉眼所见的光线是由波长范围很窄的电磁波产生的，不同波长的电磁波表现为不同的颜色。红（Red）、绿（Green）、蓝（Blue）是颜色的三原色。三原色的色光以不同的比例相加，可以产生多种色光，即不同的颜色组成，这就是颜色的 RGB 模型。

计算机对颜色的编码采用的正是 RGB 模型，每种颜色都用红、绿、蓝三种分量表示，如果每种颜色分量的取值从 0～255，一共有 256 种可能，则计算机中所能表示的颜色有 256×256×256=16777216 种，这就是 16M 色的由来。

计算机中常用的颜色表示方法有以下几种：

① RGB 三个分量用十六进制数表示，用 00 表示 0，用 FF 表示 255，这样，就可以用 6 位十六进制数表示一种颜色。例如，#D2691E 表示巧克力色，D2H 表示红色分量为 210，69H 表示绿色分量为 105，1EH 表示蓝色分量为 30。

② 直接用 RGB 分量表示。例如，（128，0，128）表示紫色，三个数字分别表示红、绿、蓝三种颜色分量的取值。

③ 用颜色对应的英文表示，这些英文必须是系统中已定义的颜色。例如，Gray（灰色），它的红、绿、蓝三种颜色分量值为（128，128，128）。

2.5 条形码与 RFID 技术

条形码是近年来广泛使用的一种物品信息标识技术。其方法是赋予物品一个特殊的编号，该编号包含物品的详细信息。通过扫描这个编号，可以获取物品的信息。

2.5.1 一维条形码

条形码（Barcode）是将多个黑条和空白按照一定的编码规则排列，用以表达一组信息的图形标识符。通常条形码是由反射率相差很大的黑条（简称条）和白条（简称空）排列而成的平行线图案。条形码可标出物品的生产国、制造厂商、商品名称、生产日期、图书分类号、邮件起止地点、类别、日期等信息，因而在商品流通、图书管理、邮政管理、银行系统等领域都得到广泛应用。

一维条形码又称一维码，其种类有 20 多。EAN 条码又称通用商品编码，由国际商品协会制定，是目前国际上使用非常广泛的一种商品条形码。EAN 商品条形码有标准版（EAN-13）和缩短版（EAN-8）两个版本，其中 EAN-13 为 13 位编码，EAN-8 为 8 位编码。

（1）EAN-13 商品条形码。

EAN-13 有 95 条竖线，多为白色和黑色。前三条，中间三条，最后三条是为了区分不同的区域，剩下的 84 条竖线被分为 12 个区域。每 7 条竖线叫作 1 组，构成 1 个 0～9 的数字。条形码左右两边代表同一数字的线条并不相同，左边数字都有偶数条白线，而右边数字都有奇数条白线，这是为了能够在条形码颠倒的时候也能读出正确的数字。如果扫描器扫描的是左边的奇数条白线，那么机器就知道正常条形码应该从右边开始。

任何条形码都有专门的公司信息。它由条形码符号和字符代码两部分组成。该条形码的编码格式如图 2-12 所示。

图 2-12　EAN-13 条形码的编码格式

① 国家代码（2～3 位）是国家或地区的独有代码，由 EAN 总部指定分配。如果最左边的三个数字是 622，则表示这个产品是瑞士的。1991 年，我国正式加入国际物品编码协会，开始使用 EAN 商品条形码。国际编码协会给中国分配的三位前缀码是 690～699。

② 厂商代码（4～5 位）由本国或地区的条形码编码机构分配，我国的厂商代码由中国物品编码中心统一分配。

③ 产品代码（5 位）由生产企业自行分配。

④ 校正码（1 位）是为校验条形码使用过程中的扫描正误而设置的特殊编码，其数字由上述三部分与规定的储运标志确定。

EAN-8 主要用于包装体积小的产品上，其前缀码（2～3 位）、产品代码（4～5 位）、校正码（1 位），内容与 EAN-13 类似。

（2）ISBN 条形码。

ISBN 编号是国际标准书号（International Standard Book Number）的简称，是专门为识别图书等文献而设计的国际编号。出版社可以通过国际标准书号清晰地辨认所有非期刊书籍。一个国际标准书号只有一个或一份相应的出版物与之对应。

国际标准书号号码由 13 位数字组成，并以四个连接号或四个空格加以分割，每组数字都有固定的含义，如图 2-13 所示。

图 2-13　ISBN 条形码的编码格式

① 978 或 979：指 EAN 图书类代码。

② 国家、语言或地区代码：一般是 1 位。

③ 出版社代码：由各国家或地区的国际标准书号分配中心分给各个出版社，一般是 4 位。

④ 书序码：该出版物代码，由出版社具体给出，一般是 4 位。

⑤ 校验码：只有一位，从 0 到 9。

2.5.2 二维条形码

二维条形码又称二维码，是按一定规律在平面上分布的、黑白相间的、记录数据符号信息的某种特定的几何图形。在代码编制上利用构成计算机内部逻辑基础的"0""1"比特流的概念，使用若干个与二进制相对应的几何图形来表示文字数值信息，通过图像输入设备或光电扫描设备自动识读，以实现信息自动处理。它具有条形码技术的一些共性：每种码制有其特定的字符集，每个字符占有一定的宽度，具有一定的校验功能等。同时二维码还具有对不同行的信息进行自动识别功能及处理图形旋转变化等特点。

二维码是一种比一维码更高级的条形码格式。一维码只能在一个方向（一般是水平方向）上表达信息，而二维码在水平和垂直方向都可以存储信息。一维码只能由数字组成，而二维码能存储汉字、数字和图片等信息，因此二维码的应用领域更为广泛。

二维码按编码原理可以分为线性堆叠式（又称行排式）二维码和矩阵式（又称棋盘式）二维码，如图 2-14 所示。

线性堆叠式二维码形态上是由多行短截的一维码堆叠而成的，其编码原理是建立在一维码基础上的，按需要堆积成二行或多行。它在编码设计、校验原理、识读方式等方面继承了一维码的一些特点，识读设备与条码印刷与一维码技术

图 2-14 线性堆叠式二维码和矩阵式二维码

兼容。但由于行数的增加，需要对行进行判定，其译码算法与软件与一维码不完全相同。具有代表性的线性堆叠式二维码有 Code 16K、Code 49、PDF417、MicroPDF417 等。

矩阵式二维码是以矩阵的形式组成的，在矩阵相应元素位置上用"点"表示二进制数"1"，用"空"表示二进制数"0"，"点"和"空"的排列组合确定了矩阵式二维码所代表的意义。矩阵式二维码是建立在计算机图像处理技术、组合编码原理等基础上的一种新型图形符号自动识读处理码制。具有代表性的矩阵式二维码有 Code One、MaxiCode、QR Code、Data Matrix、Han Xin Code、Grid Matrix 等。

表 2-6 是一维码和二维码的性能对比。

表 2-6 一维码和二维码性能对比

对比项	一维码	二维码
密度	低	高
容量	小	大
存储类型	数字	数字、字符、文字、图片
纠错	仅检查错误，不纠错	具备不同安全等级的纠错
安全	不具备加密功能	可加密
主要途径	标识物品	描述物品

我国对二维码技术的研究始于 1993 年。随着我国市场经济的不断完善和信息技术的迅速发展，国内对二维码这一新技术的需求与日俱增。中国物品编码中心在消化吸收国外相关技术资料的基础上，制定了两个二维码的国家标准：二维码网格矩阵码（SJ/T 11349—2006）和二维码紧密矩阵码（SJ/T 11350—2006），从而大大促进了我国具有自主知识产权技术的二维码研发。

通常我们所看到的，以及大多数软件生成的条形码都是黑色的，但事实上，如图 2-15 所示，彩色的条形码生成技术并不复杂，并且备受年轻人的喜爱，已有一些网站开始提供彩色二维码的在线免费生成服务。

图 2-15　彩色二维码

由于二维码具有信息容量大、编码范围广、保密性高、追踪性高、容错能力强、抗损性强、备援性大、成本便宜、易制作、持久耐用等特性，应用范围日趋广泛。同时二维码技术也成为手机病毒、钓鱼网站传播的新渠道。因此，在识读二维码的过程中，一定要认真阅读手机给出的安装提示，防止病毒的入侵。

2.5.3　RFID 技术

射频识别（Radio Frequency Identification，RFID）技术的原理为阅读器与标签之间进行非接触式的数据通信，达到识别目标的目的。RFID 技术的应用非常广泛，典型应用有汽车晶片防盗器、门禁管制、停车场管制、生产线自动化、物料管理等。

无线射频识别即射频识别技术，是自动识别技术中的一种，通过无线射频方式进行非接触双向数据通信，利用无线射频方式对记录媒体（电子标签或射频卡）进行读写，从而达到识别目标和数据交换的目的。RFID 技术被认为是 21 世纪最具发展潜力的信息技术之一。

完整的 RFID 系统由识读器（Reader）、电子标签（Tag）和数据管理系统三部分组成，如图 2-16 所示。

RFID 技术的工作流程：识读器通过识读器天线发出射频信号；当电子标签进入由识读器产生的射频区域时，识读器发出询问信号并向电子标签提供电磁能量，激活 RFID 标签；标签凭借感应电流所获得的能量以射频信号的形式将芯片中的信息发送给识读器；识读器接收电子标签的信息，并对接收到的信息进行解调和解码后，送至计算机应用系统进行数据处理；计算机系统根据逻辑运算判断该标签的合法性，针对不同的设定进行相应的处理和控制。

RFID 技术的应用是强大的黑科技，已经逐渐成为物联网感知层的重要组成部分，目前正处在高速发展阶段。随着技术的不断突破，成本和价格的下降，其发展潜力巨大，前景非常诱人。

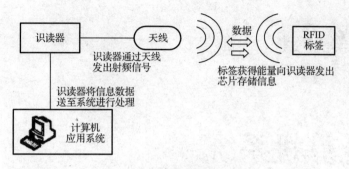

图 2-16　RFID 技术工作原理

第*3*章

计算机系统

本章介绍计算机系统的组成和一般工作原理，以及微型计算机的硬件系统和性能指标。

3.1 计算机系统的组成

一个完整的计算机系统包括硬件系统和软件系统两大部分。硬件系统是指计算机的物理装置，软件系统是指各种程序以及程序所处理的数据。硬件是软件运行的物质基础，没有足够的硬件支持，软件就无法正常工作。硬件的性能决定了软件的运行速度和显示效果等。软件是控制计算机运行的灵魂。只有硬件没有软件的计算机叫裸机，裸机是无法运行的。需要在裸机上配置相应软件，通过软件协调各硬件部件，并按照指定要求和顺序进行工作。只有将硬件和软件结合成统一的整体，才能称其为一个完整的计算机系统。计算机系统的组成如图 3-1 所示。

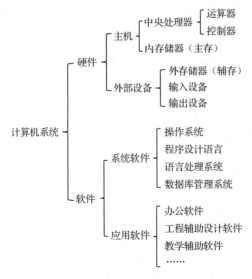

图 3-1　计算机系统的组成

3.2 计算机硬件系统

计算机硬件是指计算机系统的物理设备，是计算机的物质基础。计算机发展至今，功能和结构发生了众多变化，但主流计算机仍采用冯·诺依曼体系结构。

3.2.1 计算机硬件的组成

冯·诺依曼理论的核心思想是"采用二进制编码"和"存储程序控制"。人们把按照冯·诺依曼理论设计的计算机统称为冯·诺依曼计算机。其设计特点表现为以下3个方面：

（1）数据和程序都以二进制编码表示，采用二进制运算；

（2）将事先编制的程序（包括指令和数据）存放在存储器中，计算机在工作时能够自动从存储器中取出指令和数据，并加以执行；

（3）硬件系统由运算器、存储器、控制器、输入设备、输出设备五大基本部件组成。

冯·诺依曼计算机体系结构如图3-2所示。图中的实线表示数据流，是并行流动的数据信息；虚线表示控制流，是串行流动的控制信息；箭头表示信息的流动方向。五大部件在控制器的统一协调指挥下完成信息的计算与处理。

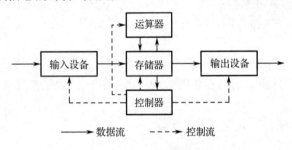

图3-2 冯·诺依曼计算机体系结构

1. 输入设备

输入设备是用来把人们需要处理的程序、数据等信息转变为计算机能接受的电信号并送入计算机内部的设备。常用的输入设备有键盘、鼠标、扫描仪等。

2. 输出设备

输出设备负责将计算机的处理结果输出给用户，例如在屏幕上显示出来或者通过打印机打印出来。常用的输出设备有显示器、打印机、绘图仪等。

3. 存储器

存储器是计算机的记忆装置，功能是存储二进制形式的各种程序和数据。现代计算机的存储器进一步分为内存储器（或称主存储器，简称内存）和外存储器（或称辅助存储器，简称外存）。

4. 运算器

运算器又称算术逻辑部件。它是对信息或数据进行处理和运算的部件，用以实现对二进制数码进行算术运算或逻辑运算。

5．控制器

控制器是计算机的控制中心，负责从存储器中读取程序指令并进行分析，然后按时间先后顺序向计算机各部件发出相应的控制信号，以协调、控制各个部件完成各种操作。

运算器和控制器是计算机的核心部件，它们一起统称为中央处理器（Central Processing Unit，CPU）。内存、运算器和控制器统称为主机。输入设备和输出设备统称为 I/O 设备。I/O 设备和外存统称为外部设备，简称外设。

3.2.2　计算机的存储体系

存储器是计算机的记忆核心，能够把大量计算机程序和数据存储起来（写数据），也能从其中取出数据或程序（读数据）。冯·诺依曼计算机的存储器分为内存储器和外存储器两部分。

1．内存储器

内存储器简称内存。内存具有存取速度快、价格高、存储容量较小的特点。内存可直接与CPU 交换数据，一般存放当前正在运行的程序和正在使用的数据。按照信息存取方式的不同，内存分为两种。一种是随机存储器（Random Access Memory，RAM），是内存的主体部分。计算机工作时，可以向 RAM 中写入或读出数据，但断电后其中的数据会消失，再次通电也不能恢复。另一种是只读存储器（Read-Only Memory，ROM），其中的信息一旦被写入就不能被更改。ROM 一般用来存放计算机启动的引导程序、检测程序、各功能模块的初始化程序等，通常是厂家制造时用特殊方法写入的。ROM 只占内存很小的一部分。

2．外存储器

外存储器简称外存。外存具有存取速度较慢、价格低、容量大的特点，可以脱机存储数据、永久性存储数据。CPU 只能访问内存中的数据，而外存中的数据必须先调入内存才能被 CPU访问和处理。

常用的外存储器有硬盘、光盘、U 盘等。

3．存储器相关的术语

存储器中存储的是各种程序和数据的二进制代码。以下是存储器相关的术语。

（1）位（bit）。

位是存储器的最小单位，通常叫作比特（bit）。一个位可以存放一个二进制数"0"或"1"。一个位可表示两种状态（0 或 1），两个位可表示 4 种状态（00，01，10，11）。n 个位可表示2^n 种状态。

（2）字节（byte）。

每 8 个相邻的位组成一组，称为 1 字节，用 B 表示。字节是对存储器进行读写的基本存储单位，也是计算机存储容量的计量单位。

（3）存储容量。

存储容量指的是存储器中能够包含的字节数。如果一个内存的容量是 512B，则表示该内存有 512 字节的存储空间。存储容量是存储器的主要指标，人们希望存储容量越大越好。

由于计算机存储和处理的信息量很大，人们也常用千字节（KB）、兆字节（MB）、吉字节（GB）和太字节（TB）作为存储容量单位。它们之间存在下列换算关系：

$1KB=2^{10}B=1024B\approx10^3B$

$1MB=2^{10}KB=2^{20}B\approx10^6B$

$1GB=2^{10}MB=2^{30}B\approx10^9B$

$1TB=2^{10}GB=2^{40}B\approx10^{12}B$

（4）字长。

计算机能同时处理的一组二进制数称为一个字，这组二进制数的位数称为字长。一个计算机字通常由若干字节组成，例如，32 位机的字长为 4 字节，64 位机的字长为 8 字节。字长是计算机性能的重要指标。当其他指标相同时，字长越长，计算机的功能就越强。

（5）地址。

存储器由许多位组成，每个位可以存放一个二进制数"0"或"1"。常把每 8 个相邻的位（1 字节）组成一个存储单元。每个存储单元有一个编号，称为存储单元的地址，简称地址。根据地址，可以在存储器中存取到指定位置的数据。如同在一栋楼房中，可以根据门牌号找到指定房间一样。

从逻辑角度看，内存的存储形式逻辑模型如图 3-3 所示。

存储单元地址	存储单元内容
……	……
11000000 00000000	00101101
11000000 00000001	10000110
11000000 00000010	00110010
11000000 00000011	01001101
11000000 00000100	11001010
……	……

图 3-3 内存存储形式逻辑模型

（6）存取时间。

存取时间是指存储器完成一次存（写）或取（读）操作所需要的时间，其单位为 ns（纳秒，1 纳秒$=10^{-9}$秒）。存取时间越短，性能就越好。

3.2.3 计算机的工作原理

冯·诺依曼计算机工作原理的核心是"程序存储和程序控制"。程序被预先存放在计算机存储器中，通过控制器从内存中逐条取出程序中的指令，并分析和执行指令。计算机的工作过程就是程序的执行过程。

1. 指令

一条指令通常对应一种计算机硬件能直接实现的基本操作，如"取数""加""减""存数"等。

指令以二进制编码形式表示，能被计算机硬件识别并执行，因此也称为机器指令。通常，指令由操作码和地址码组成。操作码指出本条指令要完成的操作，如"取数""加""减""存数"等，一个编码对应一个操作。地址码指出参与运算的数据的存放位置。按一条指令所包含的地址码的个数，指令格式分为三地址、二地址、单地址和零地址等。图 3-4 是三地址指令的一般格式，它表示从地址码 1 和地址码 2 中取出两个数，进行操作码的操作，并将结果存放在地址码 3 中。

操作码	地址码 1	地址码 2	地址码 3

图 3-4　三地址指令的一般格式

2. 指令系统

计算机能执行什么样的指令，有多少条指令，这是由设计人员在设计计算机时决定的。计算机所能直接执行的全部指令，就是该计算机的指令系统。

3. 计算机的自动工作原理

要使计算机自动计算，需要先编制程序，并将该程序输入内存中。程序是由若干条指令组成的，计算机逐条执行程序中的指令，就可以完成一个程序的执行，从而完成一项特定的工作。

一条指令的执行分为取指令、分析指令、执行指令 3 个阶段。

① 取指令。程序计数器中存放着指令的地址。取指令是指根据程序计数器中的地址，从内存中取出当前要执行的指令，并存放在指令寄存器中，同时程序计数器自动加 1，指向下一条指令的地址。

② 分析指令。对指令寄存器中的指令进行译码，产生控制信号。

③ 执行指令。在控制信号的作用下，计算机各部件进行相应的操作，完成该指令。

程序的执行过程就是计算机周而复始地进行取指令、分析指令、执行指令的过程，直至程序中的所有指令被执行完毕。

3.3　计算机软件系统

计算机软件是指运行、维护、管理及应用计算机所编制的各种程序、数据和文档的总和。计算机软件的主要作用是扩充计算机功能，提高计算机工作效率和方便用户使用，软件的使用和发展大大促进了硬件技术的合理利用。计算机软件按用途可分为系统软件和应用软件。

计算机的物质基础是硬件系统，但是没有软件系统的计算机是无法高效工作的。用户对计算机的使用不是直接操作计算机硬件，而是通过软件使用计算机的硬件。计算机硬件、软件和用户的关系如图 3-5 所示。

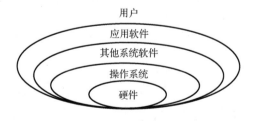

图 3-5　计算机系统层次结构

3.3.1　系统软件

系统软件的功能是控制和协调计算机系统的硬件资源，并为用户提供一个操作界面。常见的系统软件包括操作系统、程序设计语言、语言处理程序、数据库管理系统及系统服务程序等。

1. 操作系统

操作系统（Operating System，OS）是一个庞大的程序，它统一管理和控制计算机系统中的软、硬件资源，为用户提供一个良好的、易于操作的工作环境，使用户能够有效地使用计算机。操作系统是系统软件的核心，它直接运行在裸机上，其他软件需要操作系统的支持才能运行。

2. 程序设计语言

程序设计语言是指计算机和人类交换信息所使用的语言，又称计算机语言，主要有机器语言、汇编语言和高级语言。

（1）机器语言：指由二进制代码 0 和 1 组成的语言，是机器唯一能识别的语言。其特点是执行效率高、速度快，但可读性不强，修改困难，不同的机器有不同的机器语言，通用性很差。机器语言是第一代计算机语言。

（2）汇编语言：指用助记符来代替机器指令中的操作码，并用符号代替操作数的地址的指令系统，是一种面向机器的低级语言。汇编语言程序不能被计算机直接识别和执行，必须经汇编程序将其翻译成机器语言。不同的机器有不同的汇编语言，通用性很差。

（3）高级语言：是一种更接近于人类自然语言和数学语言的计算机语言，它与计算机的指令系统无关，从根本上摆脱了计算机语言对机器的依赖。高级语言程序不能被计算机直接识别和执行，必须经编译或解释程序将其翻译成机器语言。高级语言不受具体的机器限制，通用性强。

使用不同程序设计语言完成运算 3+6 的程序如表 3-1 所示。

表 3-1　用不同程序设计语言完成运算 3+6 的程序

机器语言程序	汇编语言程序	高级语言程序
0000000000111110000000100000011	MOV AL，03H	AL=3+6
0000001011000110000001100000110	ADD AL，06H	

3. 语言处理程序

语言处理程序是对各种语言源程序进行翻译或编译，生成计算机可识别的二进制可执行程序的系统。无论高级语言还是汇编语言，都必须翻译成机器语言才能被计算机识别。常见的语言处理程序有汇编程序、编译程序和解释程序。汇编程序是将汇编语言源程序翻译成机器语言目标程序。编译程序是将高级语言源程序翻译成机器语言目标程序。解释程序是将高级语言源程序逐条翻译，翻译一条执行一条，直到翻译完也执行完。

4. 数据库管理系统

数据库是指按照一定联系存储的数据集合，可为多种应用共享。数据库管理系统（Data Base Management System，DBMS）则是能够对数据库进行加工、管理的系统软件，其主要功能是建立、消除、维护数据库及对库中数据进行各种操作。数据库管理系统是能够对数据库进行有效管理的一组计算机程序，它是位于用户与操作系统之间的一层数据管理软件，是一个通用的软件系统。数据库管理系统为用户提供一个软件环境，使用户能快速、有效地组织、处理和维护大量数据信息。目前，常见的数据库管理系统都是关系型数据库系统，包括 Oracle、SQL Server 等。

5. 系统服务程序

系统服务程序也称支撑软件、工具软件，是一些日常使用的公用的工具性程序，如编辑程序（提供编辑环境）、连接装配程序、诊断调试程序、测试程序等。

3.3.2 应用软件

应用软件是指用户为解决某个实际问题而编制的程序，可分为通用软件和专用软件。

1. 通用软件

通用软件是指软件公司为解决带有通用性的问题而精心研制的供用户使用的程序，如WPS办公软件、图形处理软件Photoshop、通信软件QQ等。

2. 专用软件

专用软件是指为特定用户解决特定问题而开发的软件，这样的软件在市场上无法买到现成的，只能根据实际情况进行定制。

3.4 微型计算机及其硬件系统

随着大规模和超大规模集成电路的发展，微型计算机的性能不断提高并已全面普及。本节介绍微型计算机的特点、体系结构和性能指标等。

3.4.1 微型计算机概述

微型计算机的硬件组装

计算机的性能是指计算机的字长、运算速度、存储容量、外设的配置、输入/输出能力等主要技术指标，按其规模可将计算机分为巨型机、大型机、中型机、小型机和微型机。

巨型机是运算速度最快、存储容量最大、处理能力最强、价格也最高的超级计算机，主要用于航天、气象和军事等尖端科学领域，它体现一个国家的综合科技实力，如我国的"神威·太湖之光"和"天河二号"，美国的"顶点"等。2021年6月，国际TOP500组织公布的全球超级计算机500强排行榜显示，"神威·太湖之光"排行第四，拥有10649600个CPU，浮点运算速度达到125435.90Tflops（Tflops为每秒万亿次浮点运算），占地面积为605m^2。

微型机又称个人计算机（Personal Computer，PC）或微机，其体积小、价格低，普遍应用于各种民用、办公、娱乐等领域，普及率高。微型机又可以分为台式机、笔记本型、掌上型、笔式计算机等。

1. 微型计算机的硬件配置

常用微机的硬件配置包括CPU、内存、硬盘、主板、显示器、鼠标、键盘、机箱、电源等。台式微机从外观上包括主机箱、显示器、键盘和鼠标，如图3-6所示。

微机的主机箱是一个封装设备，其内部有主板、CPU、内存、硬盘、光盘驱动器、机箱电源、接口卡等，如图3-7所示。主机箱正面和背面有若干接口，可以与显示器、键盘、鼠标、打印机等相连。

主板是微机中最大的一块电路板，是连接微机的各个硬件的纽带，如图3-8所示。主板上有各种插槽和接口，可以把CPU和内存直接安装在主板上，可以把声卡、网卡等设备安装在对应插槽上，也可以通过USB接口连接外存储器等。主板上蚀刻的电源和信号电路，为芯片间传送数据提供通道。

图 3-6 台式微机的外观

图 3-7 微机的主机箱内部结构

图 3-8 微机的主板

2. 微型计算机的总线结构

计算机硬件系统的五大部件之间是相互连接的。计算机的结构反映了各部件的连接方式。早期计算机的运算器、控制器和外部设备等部件之间都有单独的连接线路。这样的结构具有连接速度高的优势，但是不易于扩展。微机采用总线结构，即通过总线连接计算机的各个部件，如图 3-9 所示。

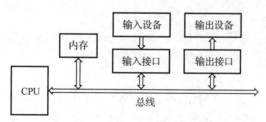

图 3-9 微机的总线结构示意图

总线是指一组线路，是计算机部件之间传递信息的公共通道。CPU 与内存之间通过总线直接传递信息，外部设备则通过接口电路与总线相连。外设需要通过接口才能与 CPU 相连，原因是 CPU 只能处理并行的数字信号，而外设的信号不一定满足要求，需要通过接口设备进行数据转换。

微机的总线结构体现在硬件上就是主板。主板上蚀刻的电路是传送信息的线路。CPU 和内存条可以直接插在主板的对应插槽上，而硬盘、键盘和鼠标等外设则通过接口连接在主板上。

总线结构简单清晰，便于部件和设备的扩充和更换。统一的总线标准使得不同厂商的不同设备之间能够实现互连。

3.4.2　中央处理器

中央处理器（Central Processing Unit，CPU）由运算器和控制器组成，起到控制计算机工作的作用，是计算机的核心部件。微型计算机把 CPU 集成在一块超大规模集成电路芯片上，也称微处理器，如图 3-10 所示。

图 3-10　个人计算机的 CPU

CPU 性能的高低决定了微型计算机系统的档次。以下是 CPU 的主要性能指标。

1．主频

主频是 CPU 工作时的时钟频率，决定 CPU 的工作速度，主频越高，CPU 的运算速度越快。CPU 的主频以兆赫兹（MHz）或吉赫兹（GHz）为单位。CPU 的主频=外频×倍频系数。

外频是 CPU 的基准频率，单位是 MHz。CPU 的外频决定整块主板的运行速度。通常所说的台式机的超频，就是使 CPU 具有更高的外频。

倍频系数是指 CPU 的主频与外频的相对比例关系。

2．CPU 字长

CPU 字长是指 CPU 一次所能同时处理的二进制信息的位数。字长越长，CPU 的计算精度越高，速度越快，性能越强。人们常说的 32 位机和 64 位机，是指该计算机中的 CPU 可以同时处理 32 位或 64 位的二进制数据。

3.4.3　内存储器

内存储器（简称内存）也称主存储器，读/写速度快，可直接与 CPU 交换数据。按照功能，内存储器分为随机存储器、只读存储器和高速缓冲存储器。

1．随机存储器

随机存储器（Random Access Memory，RAM）中的信息可以随机读出或写入。在计算机工作时，只有放在 RAM 中的程序和数据才能被 CPU 执行。但是 RAM 中的信息在断电后会消失，因此，应该把那些需要长期保存的程序和数据存放在外存储器（如硬盘、U 盘）中。当要执行某个程序时，将其从外存储器中读入 RAM 中，然后才能被运行。

人们通常所说的内存就是指 RAM，在微机中，RAM 是指封装有多片半导体存储芯片的一块条形电路板，称为内存条，如图 3-11 所示。

图 3-11　内存条

存储容量和读取速度是 RAM 的两个主要性能指标。RAM 的存储容量越大，读写速度越快，价格也就越贵。目前，常见的单条内存条的存储容量为 4G、8G、16G，存取时间一般为60ns、70ns、80ns 等。

根据半导体元器件的结构不同，RAM 可分为静态随机存储器（Static Random Access Memory，SRAM）和动态随机存储器（Dynamic Random Access Memory，DRAM）。SRAM 的结构复杂、集成度低、成本高、速度快，一般用于制造高速缓冲存储器。DRAM 的结构简单、集成度高，虽然速度比 SRAM 慢，但成本低廉，一般用于计算机的内存。微机的内存条常用 DRAM。

2. 只读存储器

只读存储器（Read-Only Memory，ROM）中的信息只能读出而不能写入。其中存放的资料是制造商用特殊的方法烧录进去的，不能改动，计算机断电后也不会丢失。

微机中基本输入输出系统（Basic Input Output System，BIOS）保存在 ROM 中，这是微机启动时要运行的第一个软件，包括计算机的自检程序、系统自启动程序、基本输入输出程序。当启动微机时，CPU 首先执行的是 ROM 中的 BIOS 指令，对计算机的 CPU、基本内存等器件进行测试（自检），自检通过后，引导计算机从外存读入并执行操作系统。操作系统运行起来，就为用户提供使用计算机的界面。

3. 高速缓冲存储器

高速缓冲存储器简称高速缓存（Cache），是一个容量小、速度快的特殊存储器，其读写速度介于 CPU 和内存之间。内存的读写速度比 CPU 慢很多，影响了 CPU 的工作效率。增加 Cache 就是为了缓解速度间的矛盾。

在程序运行的过程中，CPU 常常需要重复读取相同的数据块。基于此，当 CPU 需要从内存单元存取数据时，先去 Cache 中查找，如果 Cache 中有所需要的数据，就不必访问内存；如果 Cache 中没有所需要的数据，CPU 再去内存查找，同时把包含该信息的整个数据快从内存复制到 Cache 中。由于 Cache 的读写速度比内存高，因此提高了工作效率。

3.4.4 外存储器

外存储器又叫辅助存储器，是内存储器的后援存储设备。外存储器具有容量大、速度慢、价格低、可脱机保存信息等特点，属于非易失性存储器。外存储器不直接与 CPU 交换信息，外存中的数据应先调入内存，再由 CPU 进行处理。计算机常用的外存储器有以下几种。

1. 硬盘

硬盘是目前应用非常广泛的大容量外存储器。硬盘可以按照存储介质分为机械硬盘（Hard Disk Drive，HDD）和固态硬盘（Solid State Drive，SSD）。机械硬盘采用磁性盘片来存储，而固态硬盘采用存储芯片来存储。

（1）机械硬盘。

传统的机械硬盘主要由磁盘片、磁头组件、磁头驱动装置及主轴组件等组成，如图 3-12 所示。磁盘的单面或双面上覆盖一层用于记录数据的磁性物质。圆盘表面通常被划分成许多同心圆环，称作磁道，这些圆环又被分为扇区，所有盘片相关磁道的集合叫作一个柱面。硬盘中的所有盘片都装在一个可旋转的轴上，每个盘片的盘面都有一个磁头，所有磁头连在磁头控制器上。加电后，控制电路中的初始化模块将磁头置于盘片中心位置，之后盘片开始高速旋转，磁头则沿着盘片的半径方向运动，开始读/写数据的过程。

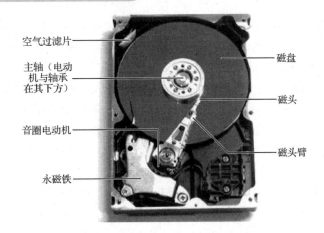

空气过滤片———
主轴（电动
机与轴承
在其下方）———
音圈电动机———
永磁铁———

———磁盘
———磁头
———磁头臂

图 3-12　机械硬盘外观及其内部结构

机械硬盘的性能指标主要有容量和转速。目前，微机的主流硬盘容量已达到太字节（TB）数量级。转速是机械硬盘内电动机主轴的旋转速度，单位为 rpm（revolutions per minute），即每分钟转动的圈数。硬盘的转速越快，硬盘寻找文件的速度就越快，硬盘的数据传输速度也就越快。目前，常见的机械硬盘的转速为 5400rpm 或 7200rpm。

（2）固态硬盘。

固态硬盘采用存储芯片存储数据。固态硬盘的存储芯片主要分为两种，一种采用闪存（Flash 芯片）作为存储介质；另一种采用 DRAM 作为存储介质。目前，使用较多的主要是采用闪存作为存储介质的固态硬盘。固态硬盘的平面结构如图 3-13 所示。

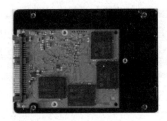

图 3-13　固态硬盘的平面结构

固态硬盘和机械硬盘的接口规范、定义、功能及使用方法基本相同。与机械硬盘相比，固态硬盘具有读写速度快、质量轻、体积小、能耗低等优点，同时价格较为昂贵，容量较小。

硬盘通常被固定在主机箱内，与主板连接，也称固定硬盘。计算机的操作系统、各种应用程序及用户文档等都以文件的形式存储在固定硬盘中。

新硬盘在使用前必须进行格式化，然后才能被系统识别和使用。硬盘格式化分为 3 个步骤，即硬盘的低级格式化、分区和高级格式化。低级格式化工作一般由硬盘生产厂家用专门的程序在硬盘出厂前完成。分区是操作系统把一个物理硬盘划分成若干个相互独立的逻辑存储区的操作，每个逻辑存储区就是一个逻辑硬盘。只有分区后的硬盘才能被系统识别和使用。高级格式化是对指定的逻辑硬盘进行初始化，建立文件分配表，以便用户保存文件。

2．移动存储器

便携式移动存储器作为新一代的存储设备被广泛使用，常用的主要有移动硬盘和移动闪存盘（U 盘），如图 3-14 和图 3-15 所示。移动存储器一般使用 USB 接口连接到计算机，以实现数据交换和共享。USB 接口支持热插拔，能够随时安全地连接或断开 USB 设备，达到真正的即插即用，方便用户使用。

图 3-14 USB 移动硬盘   图 3-15 U 盘

移动存储器使用快闪存储器（Flash Memory）技术，将存储介质和一些外围数字电路连接在电路板上，并封装在塑料壳内，以保证数据的非易失性。

移动硬盘和固定硬盘的存储原理相同，都是可以直接通过 USB 接口连接到计算机以完成数据的读/写，不仅便于携带，而且容量大、数据传输速率高。

U 盘是闪存类存储器，是一种使用 USB 接口的不需要物理驱动器的微型高容量移动存储产品，通过 USB 接口与计算机连接，实现即插即用。U 盘采用半导体电介质，数据具有非易失性，没有磁头和盘片，所以可靠性高，抗干扰能力强。

3. 光盘

光盘和光盘驱动器如图 3-16 所示。光盘是一种以光信息作为存储载体的存储设备。光盘的主要特点是存储容量大、可靠性高，只要存储介质不出现问题，光盘的数据就可长期保存。光盘分为只读型光盘和可记录型光盘。只读型光盘包括 CD-ROM、DVD-ROM 等；可记录型光盘包括 CD-R、CD-RW、DVD+R、DVD+RW 等。

（a）光盘   （b）光盘驱动器

图 3-16 光盘和光盘驱动器

光盘驱动器简称光驱，是用来读取光盘信息的设备。光驱的核心部分由激光头、光反射透镜、电动机系统和处理信号的集成电路组成。光驱在读取光盘时，激光头发射出激光束，照射到光盘上的凹坑和平面的地方，再反射回来。由平面反射回来的光无强度损失（代表"0"），而凹坑对光产生发散现象（代表"1"）。光驱内的光敏元件根据反射信号的强弱来识别数据"0"和"1"。光盘在光驱中高速转动，激光头在伺服电动机的控制下前后移动读取数据。

光驱分为 CD-ROM 光驱和 DVD 光驱，它们对所使用的光盘有匹配方面的要求。一般来说，DVD 光驱可以兼容 CD-ROM 光驱，反之则不行。

3.4.5 输入设备

常用的输入设备主要有键盘、鼠标、扫描仪等，其他的还有声音识别器、光学字符阅读机、条形码输入器、数码相机等，用以将数据输入计算机中进行处理。

1. 键盘

图 3-17　键盘

键盘是最常用也是最主要的输入设备，通过键盘可以将英文字母、数字、标点符号等输入到计算机中，从而向计算机发出命令、输入数据等。键盘上的按键包括数字键、字母键、符号键、功能键和编辑控制键等，如图 3-17 所示。目前，常见的键盘有 104 键/106 键/108 键。

无线键盘是指键盘和计算机之间没有直接的物理连线，一般通过 2.4GHz 无线技术或蓝牙技术实现与主机的无线通信。无线键盘没有物理连线的束缚，便于在较远处进行计算机操作。有物理连线的键盘，目前多数是通过 USB 接口与计算机相连，受外界干扰小，稳定性强。

2. 鼠标

鼠标是一种手持式的计算机屏幕坐标定位设备，具有移动方便、定位准确的特点，使计算机的输入操作更简便。根据连线的有无，鼠标可分为有线鼠标和无线鼠标。有线鼠标一般通过 USB 接口连接到计算机。根据工作原理可以把鼠标分为机械式鼠标和光电式鼠标。目前，主流鼠标是光电式鼠标。图 3-18 是一款无线光电鼠标。

3. 扫描仪

扫描仪可以捕捉图形、图像、照片及文本等，并将其转换为计算机能够处理的数据格式，如图 3-19 所示。扫描仪是图像处理、办公自动化及图文通信等领域不可缺少的设备。

图 3-18　无线光电鼠标　　　　　　图 3-19　扫描仪

3.4.6　输出设备

输出设备是输出计算机处理结果的设备。常用的输出设备有显示器和打印机，其他的还有绘图仪、投影仪、音箱等。

1. 显示器

显示器又称监视器，用于显示计算机要输出的文字、图像、影像等。早期的显示器是阴极射线管（Cathode Ray Tube，CRT）显示器，已基本被淘汰。目前，主流的显示器是液晶（Liquid Crystal Display，LCD）显示器，如图 3-20 所示。

显示器是通过显卡与主机相连接的。显卡的全称为显示接口卡，又称显示适配器，通常以硬件插卡的形式插在主板上。显卡的用途是将 CPU 所需要显示的信息转换为显示器所要求的方式，控制显示器的正确显示。显示器的类型必须与显卡匹配。

CRT 显示器 　　　　　　　液晶显示器 　　　　　　　显卡

图 3-20　显示器和显卡

　　显示器显示的内容以像素为单位，每个像素的亮度和颜色都可以通过程序进行控制。显示器的分辨率是指显示器上显示的像素个数，用屏幕水平和垂直方向上的像素个数的乘积表示。分辨率 1280×1024 的意思是屏幕上每行有 1280 个像素点，共 1024 行。在屏幕尺寸一样的情况下，分辨率越高，像素点的尺寸越小、数量越多，显示的图形就越精细和细腻。因此，分辨率是显示器最主要的技术指标。

2．打印机

　　打印机可以帮助用户将计算机输出的各种文档、图形和图像等打印在纸上保存起来。打印机按打字原理可分为针式打印机、喷墨打印机和激光打印机。

　　针式打印机也称点阵式打印机，由走纸装置、打印头和色带组成，如图 3-21 所示。打印头上的钢针数越多，针距越密，打印出来的字就越美观。一般有 9 针、24 针之分。针式打印机的主要优点是价格便宜、维护费用低、可复写打印，适合打印蜡纸，缺点是打印速度慢、噪声大、打印质量稍差、易断针等，目前，主要应用于银行、税务、商店等场所的票据打印。

图 3-21　针式打印机

　　喷墨打印机的打印头上包含数百个小喷嘴，每个喷嘴内都装满墨盒中流出的墨，如图 3-22 所示。利用控制指令来控制打印头上的喷嘴，从而将墨滴喷在打印纸上，实现字符或图形的输出。喷墨打印机的优点是打印精度较高、噪声低、价格便宜，可打印彩色图形，缺点是打印速度慢、日常维护费用高。

　　激光打印机是目前打印质量最好的打印机，已经成为办公自动化的主流产品，如图 3-23 所示。激光打印机通过调制激光束在硒鼓上进行沿轴扫描，使硒鼓鼓面上的像素点带上负电荷，当经过带正电的墨粉时，这些点就会吸附墨粉，在纸上形成色点。激光打印机的优点是精度高、打印速度快、噪声低、分辨率高，缺点是打印机价格高，打印成本高。

图 3-22　喷墨打印机 　　　　　　图 3-23　激光打印机

3.4.7 总线

总线是计算机各种功能部件之间传送信息的公共通信干线，它是由导线组成的传输线束。按照计算机所传输的信息种类，计算机的总线可以划分为数据总线、地址总线和控制总线，分别用来传输数据、数据地址和控制信号。主机的各个部件通过总线相连接，然后外部设备通过相应的接口电路与总线相连接，从而形成计算机硬件系统。

数据总线（Data Bus，DB）为双向线，传送数据信号，实现 CPU 和存储器或 I/O 设备之间数据的传输。数据总线的位数是微机的一个重要指标，体现了 CPU 一次可以接收数据的能力，通常与 CPU 的字长一致。

地址总线（Address Bus，AB）传送存储器地址或 I/O 接口的地址。地址总线为单向线，只能由 CPU 向外发出地址信息。地址总线的位数决定了 CPU 能直接访问的内存储器的范围。例如，有 32 条地址线，那么 CPU 能访问的内存储器的范围为 2^{32}=4GB。

控制总线（Control Bus，CB）传送的是控制信号和应答信号，是双向线。控制信号是 CPU 向内存储器或 I/O 接口发出的，如读/写信号、中断响应信号等；而应答信号则是其他部件反馈给 CPU 的，如中断申请信号、设备就绪信号等。

随着总线的发展，总线制作也逐渐标准化，便于扩充机器和添加新设备。常见的总线标准有 ISA、PCI、AGP 等。

3.4.8 输入/输出接口

输入/输出接口（简称 I/O 接口）是 CPU 与外设之间进行连接和信息交换的设备，如图 3-24 所示。

I/O 接口的功能包括设备选择、信号转换、数据缓冲等。外设与 CPU 之间在信息格式、信息类型、速度等方面存在不匹配，需要通过接口进行处理。例如，CPU 处理的信息应该是并行的数字信号，而有些外设的信号是模拟信号，或者是串行数据，需要进行信号转换；CPU 的工作速度远远高于外设，需要先把数据暂存在缓冲器中，再输出到外设或输入到 CPU。

按照数据传送格式划分，微机 I/O 接口可分为串行口和并行口。串行口每次只能传送一个二进制位，而并行口每次可以传送一组二进制位（一字节或一个字）。

USB（Universal Serial Bus）接口是一种新的串行接口标准，具有即插即用、使用方便、速度快的特点。目前，USB 接口已被应用到多种外设，如 U 盘、移动硬盘、鼠标、键盘、打印机等，逐渐成为应用广泛的微机 I/O 接口。

有些 I/O 接口做成电路板的形式，称为扩展卡，常见的有声卡、显卡、网卡等。

声卡实现声波/数字信号相互转换，实现声音的输入和输出；显卡又称显示适配器，将需要在显示器上显示的信息进行转换并控制显示器的正确显示；网卡又称网络适配器，功能是使计算机能在计算机网络上进行通信，如图 3-25 所示。随着集成电路的发展，这 3 种卡的功能常常被集成在主板上。如果有特殊需要，比如对于喜欢玩游戏和从事专业图形设计的人来说，显卡非常重要，则通常会单独安装显卡。

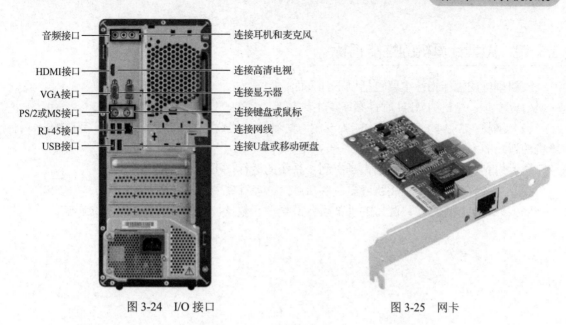

音频接口 —— 连接耳机和麦克风

HDMI接口 —— 连接高清电视

VGA接口 —— 连接显示器

PS/2或MS接口 —— 连接键盘或鼠标

RJ-45接口 —— 连接网线

USB接口 —— 连接U盘或移动硬盘

图 3-24　I/O 接口　　　　　　　　　　图 3-25　网卡

3.4.9　主板

主板（Mainboard）又称系统板（Systemboard）或母板（Motherboard），是安装在主机箱里的一块电路板，是连接微机各部件的一个载体，如图 3-26 所示。主板上有多种插槽和总线，插槽用于插接微机的各部件，总线是各部件之间的信息传输通道，可把微机的各部件连接起来成为一个整体。主板的性能会影响整个微机系统的性能。

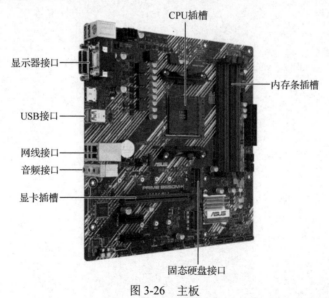

CPU插槽

显示器接口

USB接口

网线接口

音频接口

显卡插槽

内存条插槽

固态硬盘接口

图 3-26　主板

主板主要包括 CPU 插槽、内存插槽、BIOS 芯片、I/O 控制芯片、扩展插槽、指示灯插接件、直流电源等。CPU 和内存可以直接安装在主板上，其他外设的扩展卡则插接在扩展插槽上。通过更换这些扩展卡，可以对微机的相应子系统进行局部升级，使厂家和用户在配置机型方面有更大的灵活性。

3.4.10 微型计算机的性能指标

微机硬件的性能指标主要包括以下几方面。

（1）主频：微机的 CPU 时钟频率。主频越高，CPU 的速度越快。

（2）字长：微机的 CPU 一次能处理的二进制数的位数，如 32 位，64 位。字长越长，计算机的运算能力越强，精度越高。

（3）内存容量：内存容量越大越有利于系统的运行，不容易出现卡顿。

（4）外存容量：通常指硬盘容量。容量越大，能存储的数据越多。

（5）外设扩展能力：可配置的外部设备的类型和数量，对系统的性能有重大影响。

第4章

操作系统

操作系统（Operating System，OS）是管理和控制计算机硬件与软件资源的计算机程序，是直接运行在裸机上的最基本的系统软件，任何其他软件都必须在操作系统的支持下运行。在计算机中，操作系统是其最基本也是最重要的基础性系统软件，可以使计算机系统协调、高效、可靠地进行工作。

4.1 操作系统概述

操作系统是用户和计算机的接口，同时也是计算机硬件和其他软件的接口。操作系统的功能包括管理计算机系统的硬件、软件及数据资源，控制程序运行，改善人机界面，为其他应用软件提供支持，让计算机系统所有资源最大限度地发挥作用，提供各种形式的用户界面，使用户有一个好的工作环境，为其他软件的开发提供必要的服务和相应的接口等。

操作系统管理着计算机硬件资源，同时按照应用程序的资源请求分配资源，如划分 CPU 时间、内存空间的开辟、调用打印机等。

4.1.1 操作系统的功能

操作系统的主要功能是资源管理、程序控制和人机交互等。计算机系统的资源可分为设备资源和信息资源两大类。设备资源指的是组成计算机的硬件设备，如中央处理器、主存储器、磁盘存储器、打印机、显示器、键盘和鼠标等。信息资源指的是存放在计算机内的各种数据，如文件、程序库、知识库、系统软件和应用软件等。

操作系统位于底层硬件与用户之间，是两者沟通的桥梁，如图4-1所示。用户可以通过操作系统的用户界面输入命令，操作系统则对命令进行解释、驱动硬件设备、实现用户要求。一个标准的个人计算机的操作系统应该提供以下功能：进程管理、存储器管理、设备管理、文件管理和作业管理。

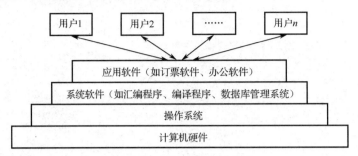

图 4-1　计算机软硬件的关系

1．进程管理

进程管理也叫处理器管理，其最基本的功能是处理中断事件。处理器只能发现中断事件并产生中断，而不能进行处理。配置操作系统后，就可对各种事件进行处理。处理器管理的另一个功能是处理器调度。处理器可能是一个，也可能是多个，不同类型的操作系统将针对不同情况采取不同的调度策略。

2．存储器管理

存储器管理主要是指对内存储器的管理，主要任务是分配内存空间，保证各作业占用的存储空间不发生矛盾，并使各作业在自己所属存储区中不会互相干扰。

3．设备管理

设备管理是指负责管理各类外围设备（简称外设），包括分配、启动和故障处理等。当用户使用外部设备时，必须提出要求，待操作系统进行统一分配后方可使用。当用户的程序运行到要使用某外设时，由操作系统负责驱动外设。操作系统还具有处理外设中断请求的能力。

4．文件管理

文件管理是指操作系统对信息资源的管理。文件是在逻辑上具有完整意义的一组相关信息的有序集合，每个文件都有一个文件名。文件管理支持文件的存储、检索和修改等操作，具有文件的保护功能。操作系统一般都提供功能较强的文件系统，有的还提供数据库系统来实现信息的管理工作。

5．作业管理

每个用户请求计算机系统完成的一个独立任务称为作业。作业管理包括作业的输入和输出、作业的调度与控制。一般来说，操作系统提供两种方式的接口为用户服务：一种用户接口是系统级的接口，即提供一级广义指令供用户去组织和控制自己作业的运行；另一种用户接口是"作业控制语言"，用户用它来书写控制作业执行的操作说明书，然后将程序和数据交给计算机，操作系统就按照说明书的要求控制作业的执行，不需要人为干预。

4.1.2　操作系统的分类

操作系统根据不同的用途可分为不同的种类。各种设备安装的操作系统从简单到复杂可分为智能卡操作系统、实时操作系统、传感器节点操作系统、嵌入式操作系统、个人计算机操作系统、多处理器操作系统、网络操作系统和大型机操作系统；根据应用领域可分为桌面操作系统、服务器操作系统、嵌入式操作系统；根据所支持的用户数可分为单用户操作系统（如MS-DOS、OS/2、Windows）、多用户操作系统（如 UNIX、Linux、MVS）；根据源码开放程度可分为开源操作系统（如 Linux、FreeBSD）和闭源操作系统（如 Mac OS X、Windows）；根据硬件结构可分为网络操作系统（Netware、Windows NT、OS/2 warp）、多媒体操作系统（Amiga）和分布式操作系统等；根据操作系统环境可分为批处理操作系统（如 MVX、DOS/VSE）、分时操作系统（如 Linux、UNIX、XENIX、Mac OS X）、实时操作系统（如 iEMX、VRTX、RTOS、RT Windows）；根据存储器寻址宽度可以将操作系统分为 8 位、16 位、32 位、64 位、128 位的操作系统。现代的操作系统基本上都支持 32 位和 64 位。

下面根据应用领域的划分介绍操作系统。

1. 桌面操作系统

桌面操作系统主要用于个人计算机。个人计算机市场从硬件架构上来说主要分为两大阵营，即 PC 与 Mac；从软件上主要分为两大类，分别为类 UNIX 和 UNIX 操作系统与 Windows 操作系统。

类 UNIX 和 UNIX 操作系统包括 Mac OS X、Linux 发行版（如 Debian、Ubuntu、Linux Mint、opensUSE、Fedora 等），微软公司的 Windows 操作系统包括 Windows XP、Windows 8、Windows 10 等。

2. 服务器操作系统

服务器操作系统一般指的是安装在大型计算机上的操作系统，如 Web 服务器、应用服务器和数据库服务器等。服务器操作系统主要有以下三大类：

① UNIX 系列：SUN Solaris、IBM-AIX、HP-UX、FreeBSD 等。

② Linux 系列：Red Hat Linux、CentOS、Debian、Ubuntu 等。

③ Windows 系列：Windows Server 2003、Windows Server 2008、Windows Server 2008 R2 等。

3. 嵌入式操作系统

嵌入式操作系统是应用在嵌入式系统的操作系统。嵌入式系统广泛应用在生活的各个方面，涵盖范围从便携设备到大型固定设施，如数码相机、手机、平板电脑、家用电器、医疗设备、交通灯、航空电子设备和工厂控制设备等。越来越多的嵌入式系统安装实时操作系统。

嵌入式领域常用的操作系统有嵌入式 Linux、Windows Embedded、VxWorks 等，以及广泛使用在智能手机或平板电脑等消费电子产品上的操作系统，如 Android、iOS、Symbian、Windows Phone 和 BlackBerry OS 等。

根据操作系统的功能及作业处理方式可以将操作系统分为批处理操作系统、分时操作系统、实时操作系统和网络操作系统。

根据操作系统能支持的用户数和任务进行分类，可分为单用户单任务操作系统、单用户多任务操作系统和多用户多任务操作系统。

4.1.3 常见的操作系统

1. UNIX

UNIX 是一个强大的多用户、多任务操作系统，支持多种处理器架构，按照操作系统的分类，属于分时操作系统。UNIX 是由 Ken Thompson 和 Dennis Ritchie 于 1969 年在美国 AT&T 公司的贝尔实验室开发的。UNIX 作为一种开发平台和台式操作系统获得了广泛使用，目前主要用于工程应用和科学计算等领域。

2. Linux

Linux 全称 GNU/Linux，是一种免费使用和自由传播的类 UNIX 操作系统。它是一个基于

POSIX 的多用户、多任务、支持多线程和多 CPU 的操作系统。它能运行主要的 UNIX 工具软件、应用程序和网络协议，支持 32 位和 64 位硬件。Linux 继承了 UNIX 以网络为核心的设计思想，是一个性能稳定的多用户网络操作系统。

Linux 有各类发行版，通常有 GNU/Linux，如 Debian（及其衍生系统 Ubuntu、Linux Mint），Fedora，openSUSE 等。Linux 发行版作为个人计算机操作系统或服务器操作系统，在服务器上已成为主流的操作系统。Linux 在嵌入式方面已得到广泛应用，基于 Linux 内核的 Android 操作系统已成为当今全球流行的智能手机操作系统。

3. Mac OS X

Mac OS 是一套由苹果公司开发的运行于 Macintosh 系列计算机上的操作系统。Mac OS X 是基于 UNIX 系统的，是全世界第一个采用"面向对象操作系统"的、全面的操作系统。它是史蒂夫·乔布斯（Steve Jobs）于 1985 年被迫离开苹果公司后成立的 NeXT 公司所开发的。后来苹果公司收购了 NeXT 公司，史蒂夫·乔布斯重新担任苹果公司 CEO，Mac 开始使用的 Mac OS 系统得以整合到 NeXT 公司开发的 OPENSTEP 系统上。Mac OS X 采用 C、C++和 Obejective-C 编程，并采用闭源编码。

4. Windows

Windows 操作系统是美国微软公司研发的一套操作系统，它问世于 1985 年，起初仅仅是 MS-DOS 模拟环境，后续的版本由于微软公司不断地更新升级，不但易用，也成为当前应用非常广泛的操作系统。Windows 采用图形用户界面（GUI），比从前的 MS-DOS 需要输入指令使用的方式更为人性化。随着计算机硬件和软件的不断升级，Windows 也在不断升级，架构从 16 位、32 位到 64 位，系统版本从最初的 Windows 1.0 到熟知的 Windows 95、Windows 98、Windows 2000、Windows XP、Windows Vista、Windows 8、Windows 8.1、Windows 10 和 Windows Server 服务器企业级操作系统，微软公司一直在致力于 Windows 操作系统的开发和完善。

4.2 Windows 10 操作系统

Windows 10 是微软公司最新推出的新一代跨平台及设备应用的操作系统，涵盖 PC、平板电脑、手机、XBOX 和服务器端等。

4.2.1 Windows 10 磁盘管理

磁盘是计算机最重要的存储设备，用户的大部分文件，包括操作系统文件，都存储在磁盘里。为了更好地理解 Windows 10 中的磁盘管理功能，下面介绍几个进行磁盘管理时经常涉及的概念和术语。

磁盘分区：就是将物理上的硬盘从逻辑上分割成几个部分，而每一部分都可以单独使用，也称逻辑磁盘。Windows 10 会为每个逻辑分区指定一个驱动器名，如 D 盘、E 盘等。

格式化：就是对磁盘的分区进行一定的规划，以便计算机能够准确地在磁盘上记录或提取信息。格式化磁盘还可以发现磁盘中损坏的扇区，并标识出来，避免计算机在这些坏扇区上记录数据。

扇区：磁盘上的每个磁道被等分为若干段圆弧段，这些圆弧段便是磁盘的扇区。磁盘驱动器在向磁盘读取和写入数据时以扇区为单位。

簇：就是为文件分配磁盘空间的最小单位。硬盘的簇通常为多个扇区。每个簇只能由一个文件占用，即使这个文件只有几字节，不允许两个以上的文件共用一个簇，否则会造成数据的混乱。这种以簇为最小分配单位的机制，使数据的管理变得相对容易，但也造成磁盘空间的浪费，尤其是在小文件数目较多的情况下。

不同的文件系统簇的大小不同，文件的管理方式也不同。比较常见的文件系统有 Windows 操作系统中的 FAT16，FAT32 和 NTFS，以及 Linux 操作系统中的 Ext2、Ext3、Linux swap 和 VFAT。

1. 配置磁盘分区

用户使用的计算机中的硬件和软件的配置不同，使得用户在配置自己的磁盘分区时也会有所不同。用户应根据实际需要和现有的磁盘配置，合理地对磁盘分区进行规划和调整。可以借助第三方的软件，如 Acronis Disk Director Suite、PQMagic、FDisk 等来实现分区，也可以使用由操作系统提供的磁盘管理平台来进行。在 Windows 操作系统中，还可以使用 diskpart 命令调整磁盘分区参数。

通常情况下，用户会在安装 Windows 10 的过程中对磁盘分区进行配置。安装 Windows 10 之后，用户可以利用磁盘管理工具在硬盘上更改或创建新的分区。磁盘管理器是 Windows 10 中一个强大的图形界面磁盘管理工具，可以用于更改驱动器号和路径、格式化、更改或创建新的分区与删除磁盘分区等。

在"此电脑"图标上右击，在弹出的快捷菜单中选择"管理"命令，在弹出的"计算机管理"窗口左边的控制台树中选择"存储"→"磁盘管理"，如图 4-2 所示。

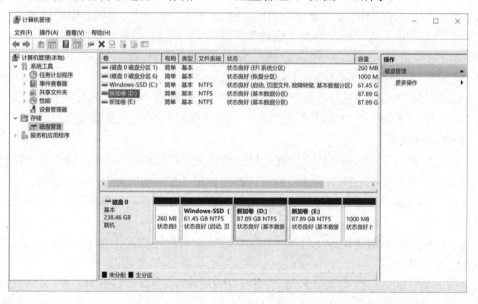

图 4-2 "磁盘管理"界面

在该窗口右边的详细资料窗格中将显示计算机中所有驱动器的名称、类型、采用的文件系统和状态，以及分区的基本信息。

在要操作的驱动器上右击，可以对驱动器执行分区的操作。需要注意的是，进行分区操作可能会导致整个驱动器上的数据丢失，所以操作前要做好数据的备份。

在磁盘管理中也可以更改驱动器号。在要操作的驱动器上右击，在弹出的快捷菜单中选择"更改驱动器号和路径"命令，在弹出的对话框中单击"更改"按钮，弹出如图4-3所示的"更改驱动器号和路径"对话框，在"分配以下驱动器号"下拉列表中选择合适的驱动器号即可。

2. 磁盘格式化

磁盘格式化操作主要有以下两种情况。

① 磁盘在第一次使用之前需要进行格式化操作。

② 要删除某磁盘分区的所有内容时可进行格式化操作。

磁盘分区后，必须经过格式化才能正式使用，格式化后常见的磁盘格式有 FAT（FAT16）、FAT32、NTFS、ext2、ext3 等。

格式化的方法：在"计算机管理"窗口的"磁盘管理"界面右击要格式化的磁盘的图标，在弹出的快捷菜单中选择"格式化"命令，弹出如图4-4所示的"格式化"对话框。

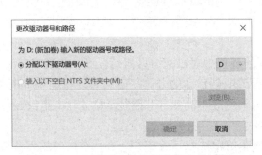

图4-3 "更改驱动器号和路径"对话框

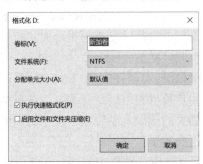

图4-4 "格式化"对话框

勾选"执行快速格式化"复选框可快速删除磁盘中的文件，但不对磁盘中的错误进行检测。在该对话框中设置相关选项后，单击"确定"按钮，即可开始执行格式化操作。

3. 磁盘重命名

在"文件资源管理器"窗口中也可以完成磁盘格式化和重命名等操作。右击"文件资源管理器"窗口中的磁盘图标，选择"重命名"命令，可更改磁盘的名字。通常可给磁盘取一个反映其内容的名字，例如，若D盘中存放的是一些用户资料，可以给D盘取名为"资料"。

4. 磁盘属性设置

在"计算机管理"窗口的"磁盘管理"界面或"文件资源管理器"窗口中的磁盘图标上右击，在弹出的快捷菜单中选择"属性"命令，弹出如图4-5所示的磁盘属性对话框。用户可使用该对话框查看磁盘的软硬件信息，还可对磁盘进行查错、清理、备份、整理及设置磁盘共享属性等操作。

磁盘性能是影响系统使用效率的一个重要因素，常用的磁盘优化有磁盘清理、磁盘碎片整理和磁盘检查3种。

磁盘清理的目的是清理磁盘中的垃圾，释放磁盘空间。在磁盘属性对话框的"常规"选项卡下单击"磁盘清理"按钮，即可进行磁盘清理。

机械硬盘在使用一段时间后，由于反复写入和删除文件，磁盘中的空闲扇区会分散到整个磁盘中不连续的物理位置上，从而使文件不能存储在连续的扇区里。这样，在读写文件时就需要到不同的地方去读取，增加了磁头移动频次，降低了磁盘的访问速度。磁盘碎片整理就是对磁盘在长期使用过程中产生的碎片和凌乱的文件存储重新进行整理，以提高计算机的整体性能和运行速度。在磁盘属性对话框的"工具"选项卡下单击"对驱动器进行优化和碎片整理"栏中的"优化"按钮，弹出"优化驱动器"对话框，如图 4-6 所示。根据需要可先对磁盘情况进行分析，根据分析结果再决定是否需要进行优化。需要注意的是，碎片整理功能并不适用于固态硬盘。消费级固态硬盘的擦写次数是有限的，对碎片进行整理会大大减少固态硬盘的使用寿命。

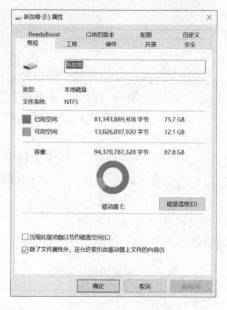

图 4-5　磁盘属性对话框

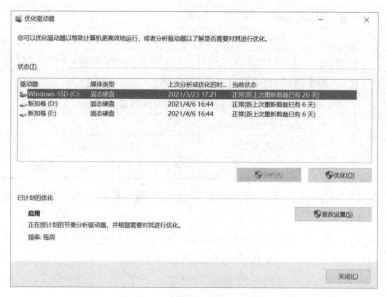

图 4-6　"优化驱动器"对话框

　　磁盘检查的目的是扫描硬盘驱动器上文件系统的错误和坏簇，保证系统的安全。在磁盘属性对话框的"工具"选项卡下单击"查错"栏中的"检查"按钮，即可对磁盘进行扫描检查。

4.2.2　Windows 10 文件管理

　　文件是操作系统中用于组织和存储各种信息的基本单位。用户所编制的程序、写的文章、画的图画或制作的表格等，在计算机中都是以文件的形式来存储的。因此，文件是一组彼此相关并按一定规律组织起来的数据的集合，这些数据以用户给定的文件名存储在外存储器中。当用户需要使用某文件时，操作系统会根据文件名及其在外存储器中的路径找到该文件，然后将其调入内存储器中使用。

1. 文件

文件一般具有以下特点。

① 文件中可以存放文本、声音、图像、视频和数据等信息。

② 文件名具有唯一性，同一个磁盘中的同一目录下不允许有重复的文件名。

③ 文件具有可移动性。文件可以从一个磁盘中移动或复制到另一个磁盘中，也可以从一台计算机中移动或复制到另一台计算机中。

④ 文件在外存储器中有固定的位置。用户和应用程序要使用文件时，必须提供文件的路径来告诉用户和应用程序文件所在的位置。路径一般由存放文件的驱动器名、文件夹名和文件名组成。

文件名一般包括两部分，即文件主名和文件扩展名，一般用"."分开。文件扩展名用来标识该文件的类型，最好不要更改。常见的文件类型如表 4-1 所示。

表 4-1　常见的文件类型

文件类型	扩展名	含义
可执行程序	EXE、COM	可执行程序文件
源程序文件	C、CPP、BAS、ASM、PY	程序设计语言的源程序文件
目标文件	OBJ	源程序文件经编译后生成的目标文件
文档文件	.WPS、DOCX、XLSX、PPTX	WPS、Word、Excel、PowerPoint 创建的文档
图像文件	BMP、JPG、PNG、GIF	图像文件，不同的扩展名表示不同的格式
流媒体文件	WM、VRM、QT	能通过 Internet 播放的流媒体文件
压缩文件	ZIP、RAR	压缩文件
音频文件	WAV、MP3、MID	声音文件，不同的扩展名表示不同的格式
网页文件	HTM、ASP	一般来说，前者是静态的而后者是动态的

不同的文件类型，其图标往往不同，打开方式也不同，只有安装了相应的软件，才能查看文件的内容。

每个文件都有自己唯一的名称，Windows 10 系统正是通过文件的名字来对文件进行管理的。在 Windows 10 操作系统中，文件的命名具有以下特征。

① 支持长文件名。主文件名的长度最多可达 256 个字符，命名时不区分字母的大小写。

② 文件的名称中允许有空格，但命名时不能含"?""*""/""\""|""<"">"和":"等特殊字符。

③ 默认情况下，系统自动按照文件类型显示和查找文件。

④ 同一个文件夹中的文件名不能相同。

2. 文件夹

众多的文件在磁盘上需要分门别类地存放在不同的文件夹中，以利于对文件进行有效的管理。操作系统采用目录树或称为树形文件系统的结构形式来组织系统中的所有文件。

树形文件目录结构是一个由多层次分布的文件夹及各级文件夹中的文件组成的结构形式，从磁盘开始，越向下级分支越多，形成一棵倒长的"树"。最上层的文件夹称为根目录，每个磁盘只能有一个根目录，在根目录上可以建立多层次的文件系统。在任何一个层次的文件夹中，不仅可以包含下一级文件夹，还可以包含文件。文件夹名的命名规则与文件名的命名规则基本相同，但文件夹一般没有扩展名。

一个文件在磁盘上的位置是确定的。对一个文件进行访问时，必须指明该文件在磁盘上的位置，也就是指明从根目录（或当前文件夹）开始到文件所在的文件夹所经历的各级文件夹名组成的序列，书写时，序列中的文件夹名之间用分隔符"\"隔开。访问文件时，一般采用以下格式。

[盘符] [路径] 文件名 [.扩展名]

其中各项的说明如下。

[ ]：表示其中的内容为可选项。

盘符：用以标志磁盘驱动器，常用一个字母后跟一个冒号表示，如 A:、C:、D:等。

路径：由以"\"分隔的若干个文件夹名组成。

例如，c:\windows\media\Ring06.wav 表示存放在 C 盘 windows 文件夹下的 media 文件夹中的 Ring06.wav 文件。由扩展名.wav 可知，该文件是一个声音文件。

3. 文件资源管理器

文件资源管理器是 Windows 10 中各种资源的管理中心，用户可通过它对计算机的相关资源进行操作。

右击"开始"按钮，在弹出的菜单中选择"文件资源管理器"命令就可以打开"文件资源管理器"窗口。也可以按组合键"Win+E"打开。

Windows 10 在"文件资源管理器"界面中功能设计周到，界面功能布局较多，设有菜单栏、导航窗格、详细信息窗格、预览窗格等，用户也可以自己设置界面。如图 4-7 所示，在"查看"选项卡的"窗格"组中，通过单击"预览窗格""详细信息窗格"按钮可控制是否显示相应窗格；单击"导航窗格"按钮，可在弹出的列表中选择导航窗格显示的内容。

Windows 10 文件资源管理器在查看和切换文件夹时非常方便。如图 4-7 所示，地址栏可以显示当前文件夹的完整路径，在地址栏左侧的 4 个按钮中，单击"←"按钮可以回到刚才查看的文件夹，单击"→"按钮可以重新回到回退之前的文件夹，单击"↑"按钮可以切换到当前文件夹的上级文件夹，单击"∨"按钮会弹出下拉菜单，显示最近访问过的文件夹，单击其中任一文件夹名称，即可快速切换至该文件夹，方便用户快速切换目录。

（1）文件的查看方式。

在"文件资源管理器"窗口的"查看"选项卡下，"布局"组有 8 种查看方式供选择。

"列表"查看方式以文件或文件夹名列表显示文件夹内容，其内容前面为小图标。当文件夹中包含很多文件，并且想在列表中快速查找一个文件名时，这种查看方式非常有用。

使用"详细信息"查看方式时，右窗格会列出各个文件与文件夹的名称、修改日期、类型、大小等详细资料，如图 4-8 所示。不仅如此，在列表的标题栏上右击，在弹出的快捷菜单中还可选择加载更多的信息。菜单中选项名称前有√的是已经显示的信息，如果用户希望显示更多信息，则可在此菜单中进行勾选。选择菜单最下面的"其他"命令，还可选择加载其他更多信息。

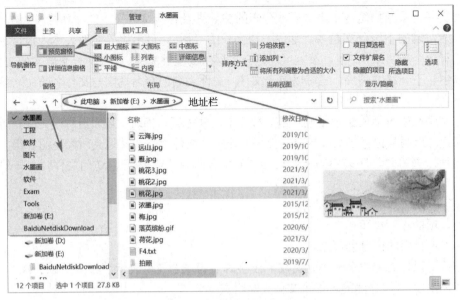

图 4-7 "文件资源管理器"窗口

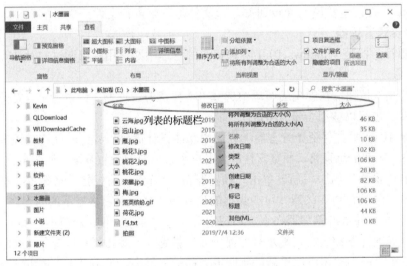

图 4-8 "详细信息"查看方式

"平铺"查看方式以按列排列图标的形式显示文件和文件夹。这种图标和"中图标"查看方式一样大，并且会将所选的文件类型和大小信息显示在文件或文件夹名下方。

在"内容"查看方式下，右窗格会列出各个文件与文件夹的名称、修改时间和文件的大小。

在"详细信息"查看方式下，文件列表标题栏的文字右上方有一个小三角，这个小三角是用来标记文件排列方式的：三角所在列的标题栏的名称代表文件是按什么属性排列的，三角的指示方向代表排列顺序（升序或降序）。例如，如果小三角位于"名称"列，且指示方向朝下，则表明右窗格中的文件是按照文件名的降序排列的。

（2）排列图标。

右击"文件资源管理器"的右窗格空白处，在弹出的快捷菜单中选择"排序方式"命令，弹出如图 4-9 所示的级联菜单，用户可从中选择"名称""修改日期""类型""大小"4 种排序方式之一。

图 4-9 "排序方式"级联菜单

（3）刷新。

在某些操作后，文件或文件夹的实际状态发生了变化，但屏幕显示还保留在原来的状态，二者出现了不一致的情况，此时可使用刷新功能来解决。右击"文件资源管理器"的右窗格空白处，在弹出的快捷菜单中选择"刷新"命令即可执行刷新操作。

4. 文件和文件夹的操作

（1）新建文件或文件夹。

在"文件资源管理器"的左窗格中选择新建文件或文件夹的存放位置（可以是驱动器或已有文件夹），然后在右窗格的空白处右击，在弹出的快捷菜单中选择"新建"→"文件夹"或某种类型的文件，当新文件夹或文件名为深色背景显示时，输入新的名字，按回车键确定即可。

此外，还可以利用某些对话框中的"新建文件夹"按钮新建文件夹。例如，用户用 Windows 10 的"画图"工具制作了一张图片（单击任务栏中的"搜索"按钮，输入"画图"，在显示的搜索结果中选择"画图"应用即可打开画图工具），在"文件"菜单选择"保存"命令，弹出"保存为"对话框后才想到，应该在 E 盘下新建一个名为"图片"的文件夹，然后将这张新图片存在其中，这时的操作步骤如下。

① 在"保存为"对话框的左侧窗格选择 E 盘。

② 单击该对话框中的"新建文件夹"按钮，一个名为"新建文件夹"的图标就会出现，如图 4-10 所示。

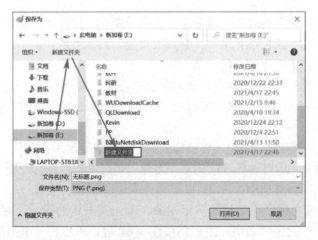

图 4-10 "保存为"对话框

③ 输入新文件夹名称"图片"并按回车键，新文件夹创建完毕。

④ 双击打开"图片"文件夹，如图4-11所示，选择文件类型，并为图画文件命名，单击"保存"按钮将图画保存。

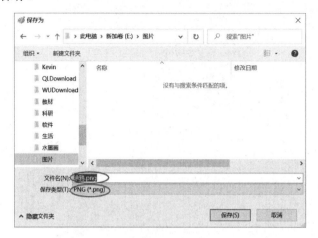

图4-11 将文件保存在新文件夹中

（2）重命名文件或文件夹。

右击"文件资源管理器"窗口中需要更名的对象，在弹出的快捷菜单中选择"重命名"命令。此时，该对象名称呈反显状态，输入新名称并按回车键即可。

在选中文件后按F2键也可进入重命名状态。

另一种简便方法是单击选中需要更改的对象，再单击该对象的名称，此时名称就变为反显的重命名状态，输入新名称并按回车键即可。

Windows 10还提供批量重命名功能。在"文件资源管理器"窗口中选择几个文件后，按F2键进入重命名状态，重命名这些文件中的任意一个，则所有被选择的文件都会被重命名为新的文件名，但在主文件名的末尾处会加上递增的数字。

注意：重命名这些文件中任意一个时，只要不修改扩展名，其他被选择的文件的扩展名都会保持不变。

（3）选择。

在实际操作中，经常需要对多个对象进行相同的操作，如移动、复制或删除等。为了快速执行任务，用户可以先一次性选择多个文件或文件夹，再执行操作。

常用的对象选择方式有以下几种。

① 选择单个对象。单击某个对象，该对象就被选中，被选中的对象图标呈深色显示。

② 选择不连续的多个对象。按住Ctrl键的同时逐个单击要选择的对象，即可选择不连续的多个对象。

③ 选择连续的多个对象。先单击要选择的第一个对象，然后在按住Shift键的同时，单击要选择的最后一个对象，即可选择连续的多个对象。也可以按住鼠标左键并拖出一个矩形，被矩形包围的所有对象都将被选中。

④ 选择组内连续、组间不连续的多组对象。单击第一组的第一个对象，然后按住Shift键并单击该组最后一个对象。选中一组后，按住Ctrl键，单击另一组的第一个对象，再按住"Ctrl+Shift"组合键并单击该组的最后一个对象。按照此步骤反复进行，直至选择结束。

⑤ 取消对象选择。按住Ctrl键并单击要取消的对象即可取消单个已选定的对象。若要取

消全部已选定的文件，只需在文件列表旁的空白处单击即可。

⑥ 全选。按"Ctrl+A"组合键，即可选择"文件资源管理器"的右窗格中的所有对象。

（4）复制或移动。

复制或移动对象有利用剪贴板、左键拖动和右键拖动3种常用方法。

① 利用剪贴板复制或移动对象。

剪贴板是内存中的一块区域，用于暂时存放用户剪切或复制的内容。

若要利用剪贴板实现文件或文件夹的移动操作，可在"文件资源管理器"窗口中右击要移动的对象，在弹出的快捷菜单中选择"剪切"命令，该对象即可被移动到剪贴板上；再右击要移动到的目标文件夹，在弹出的快捷菜单中选择"粘贴"命令，对象即可从剪贴板上移动到该文件夹下。

如果用户要执行的是复制操作，则只需将上述操作步骤中的"剪切"命令改为"复制"命令即可。需要注意的是，此时对象被复制到剪贴板上，可以将该对象从剪贴板复制到目标位置，所以该对象可被粘贴多次。例如，用户可以按上述方法对 C 盘中的一个文件执行快捷菜单中的"复制"命令，然后将其分别粘贴到桌面、D 盘、E 盘和 F 盘，这样就可以得到该文件的 4 个副本。

注意："剪切"的快捷键为"Ctrl+X"，"复制"的快捷键为"Ctrl+C"，"粘贴"的快捷键为"Ctrl+V"。

② 左键拖动复制或移动。

打开"文件资源管理器"窗口，在右窗格中找到要移动的对象，按住 Shift 键的同时将其拖动到目标文件夹上即可完成移动该对象的操作。按住 Ctrl 键的同时将其拖动到目标文件夹上会完成复制该对象的操作。当按住 Ctrl 键并拖动对象时，对象旁边会有一个小"+"标记。

③ 右键拖动复制或移动。

打开"文件资源管理器"窗口，在右窗格中找到要移动的对象，按住鼠标右键将其拖动到目标文件夹上。松开鼠标右键后将弹出如图 4-12 所示的快捷菜单，选择该菜单中的相应命令即可完成移动或复制该对象的操作。

（5）删除与恢复。

为了避免用户误删除文件，Windows 10 提供了"回收站"工具，被用户删除的对象一般存放在"回收站"中，必要时可以从"回收站"还原。删除文件或文件夹的方法：右击"文件资源管理器"中拟删除的对象，在弹出的快捷菜单中选择"删除"命令，弹出如图 4-13 所示的对话框，用户可以选择"是"按钮确认删除，或选择"否"按钮放弃删除。

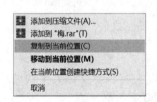

图 4-12 快捷菜单

图 4-13 "删除文件"对话框

用"回收站"还原对象的方法：双击桌面上的"回收站"图标，打开"回收站"窗口。在该窗口中右击要还原的对象，在弹出的快捷菜单中选择"还原"命令，即可将该对象恢复到其原始位置。也可单击"回收站"窗口中的"还原选定的项目"按钮来实现还原功能。此外，还可以用"剪切"和"粘贴"命令来恢复对象。

"回收站"的容量是有限的。当"回收站"满后，再放入"回收站"中的内容就会被系统彻底删除。所以用户在删除对象前，应注意删除文件的大小及"回收站"的剩余容量，必要时可先清理"回收站"或调整"回收站"容量的大小，再进行删除操作。

清理"回收站"的方法：在"回收站"右窗格空白处右击，在弹出的快捷菜单中选择"清空回收站"命令。也可以单击"回收站"窗口中的"清空回收站"按钮，将"回收站"中的所有内容永久删除。

调整"回收站"容量的方法：右击桌面上的"回收站"图标，在弹出的快捷菜单中选择"属性"命令，弹出如图 4-14 所示的对话框，用户可以在"最大值"右边的文本框中输入所选定磁盘分区的回收站容量的最大值。选中"不将文件移到回收站中。移除文件后立即将其删除"单选按钮后，该磁盘分区删除的所有对象都不再放入"回收站"中，而是直接永久删除。如果取消对"显示删除确认对话框"复选框的选择，则此后删除对象时，不再弹出如图 4-13 或图 4-15 所示的对话框。

如果用户希望将某对象永久删除，可先选择该对象，再按"Shift+Delete"组合键。当松开组合键后，将弹出如图 4-15 所示的对话框，单击"是"按钮后，该对象即可被永久删除。

注意：一般来说，无论对文件的复制、移动、删除还是重命名操作，都只能在文件没有被打开时进行。例如，某个 Word 文档被打开后，就不能进行移动、删除或重命名等操作。

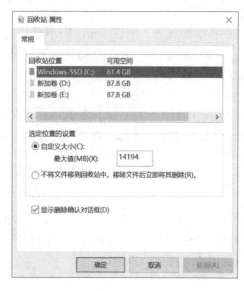

图 4-14 "回收站 属性"对话框

图 4-15 "删除文件"对话框（彻底删除）

（6）压缩和解压缩文件夹。

对于较大的文件夹，用户可以进行压缩操作，压缩文件夹有利于文件夹更快速地传输，并有利于网络上资源的共享，同时，还能节省大量的磁盘空间。

压缩文件夹的操作步骤如下。

① 选择需要压缩的文件夹并右击，在弹出的快捷菜单中选择"添加到压缩文件"命令，弹出"压缩文件名和参数"对话框，如图 4-16 所示。在该对话框中输入压缩后的文件名，并选择压缩文件格式和压缩方式，设置压缩选项，单击"确定"按钮。

② 弹出"正在创建压缩文件"对话框，并以进度条形式显示压缩的进度，压缩完成后，用户可以在窗口中看到多了一个压缩文件。

若要解压缩文件夹，只需选择要解压缩的文件并右击，在弹出的快捷菜单中选择"解压文件"或"解压到当前文件夹"命令即可。

（7）搜索文件或文件夹。

在使用计算机的过程中，如果用户忘记某个文件或文件夹的存放位置，可以利用"文件资源管理器"的搜索栏来搜索文件或文件夹。

在"文件资源管理器"窗口的左窗格中选择要搜索的位置，如 D 盘或"此电脑"，找到右上角的"搜索"框，输入要搜索的对象，如"截图工具"，按回车键后开始搜索。"文件资源管理器"窗口的右窗格中会显示搜索结果。

如果不知道文件的全称，或者想查找所有同一类的文件，则可以使用通配符"*"和"?"，其中，"*"表示匹配任意个任意字符，"?"表示匹配一个任意字符，如"*.docx"可以搜索到所有扩展名为 docx 的文档，而"do?c"可以搜索到 doac，dobc，do3c 等文件。

5. 文件和文件夹的属性

文件和文件夹的主要属性都包括只读和隐藏。此外，文件还有一个重要属性是打开方式，文件夹的另一个重要属性则是共享。使用文件（文件夹）属性对话框可以查看和改变文件（文件夹）的属性。右击"文件资源管理器"窗口中想要查看属性的对象，在弹出的快捷菜单中选择"属性"命令，即可显示对象属性对话框。

（1）文件的属性。

不同类型文件的属性对话框有所不同，下面以如图 4-17 所示的对话框为例来说明文件属性对话框的使用。在文件属性对话框的"常规"选项卡中，上部显示该文件的名称、类型、大小等信息，下部的"属性"栏用于设置该文件的属性。如果将文件属性设置为"只读"，则该文件只允许被读取，不允许被修改。如果将文件属性设置为"隐藏"，并确保在如图 4-18 所示的"文件夹选项"对话框中选中"不显示隐藏的文件、文件夹或驱动器"单选按钮，则在"文件资源管理器"窗口中将看不到该文件。

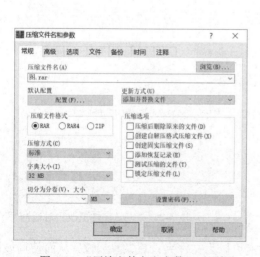

图 4-16 "压缩文件名和参数"对话框

图 4-17 文件属性对话框

单击该对话框中的"更改"按钮，弹出如图 4-19 所示的选项，可指定使用其他软件来打开该文件。

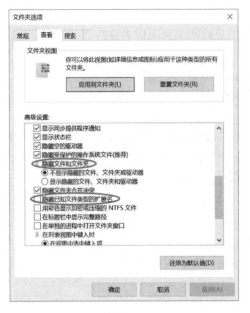

图 4-18 "文件夹选项"对话框

图 4-19 更改文件打开方式

如果单击该对话框中的"高级"按钮，则弹出如图 4-20 所示的"高级属性"对话框，利用该对话框可对文件的属性进行进一步设置。

（2）文件夹的属性。

文件夹的"只读"和"隐藏"属性与文件属性中的相应选项完全相同，但在设置文件夹的属性时，可能会弹出如图 4-21 所示的"确认属性更改"对话框，如果选中"仅将更改应用于此文件夹"单选按钮，则只有该文件夹的属性被更改，文件夹下的所有子文件夹和文件属性依然保持不变；如果选中"将更改应用于此文件夹、子文件夹和文件"单项按钮，则该文件夹、从属于它的所有子文件夹和文件的属性都会被改变。

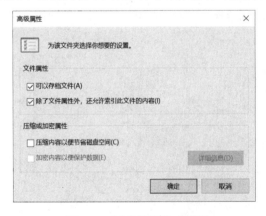

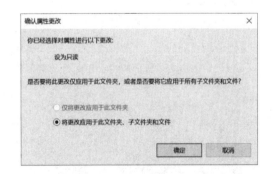

图 4-20 "高级属性"对话框

图 4-21 "确认属性更改"对话框

利用文件夹属性对话框中的"共享"选项卡可以为文件夹设置共享属性，从而使局域网中的其他计算机可通过"网络"访问该文件夹。

设置用户自己的共享文件夹的操作步骤如下。

① 在如图 4-22 所示的"共享"选项卡中，单击"高级共享"按钮，弹出如图 4-23 所示的"高级共享"对话框。

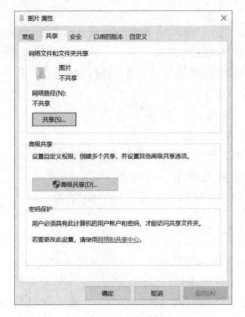
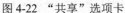

图 4-22 "共享"选项卡　　　　　　　　　　图 4-23 "高级共享"对话框

② 如果勾选该对话框中的"共享此文件夹"复选框，"共享名"文本框将变为可用状态。"共享名"是其他用户通过"网络"连接到此共享文件夹时所看到的文件夹名称，而文件夹的实际名称并不随"共享名"文本框中内容的更改而改变。在"将同时共享的用户数量限制为"右边的微调框中，可以修改对该文件夹同时访问的最大用户数。

③ 设置完毕后，单击"确定"按钮，再单击"关闭"按钮即可。

设置完成后，局域网中的其他用户可以通过"网络"来访问该文件夹中的内容。

6. 文件夹选项

在"文件资源管理器"窗口中，单击"查看"选项卡下的"选项"按钮，弹出如图 4-18 所示的"文件夹选项"对话框，在该对话框中所做的任何设置和修改，对以后打开的所有窗口都会起作用。

"文件夹选项"对话框有 3 个选项卡，其中，在"常规"选项卡中可设置浏览文件夹的方式及打开项目的方式等；在"查看"选项卡中可设置文件夹和文件的显示方式；在"搜索"选项卡中，可设置文件的搜索选项和搜索方式。在"查看"选项卡中，"隐藏文件和文件夹"栏用于控制具有隐藏属性的文件和文件夹是否显示，如果选中"不显示隐藏的文件、文件夹或驱动器"单选按钮，则在以后打开的窗口中将不会显示具有隐藏属性的文件和文件夹，如果选中"显示隐藏的文件、文件夹和驱动器"单选按钮，则在以后打开的窗口中，无论文件和文件夹是否具有隐藏属性，都将显示出来；如果勾选"隐藏已知文件类型的扩展名"复选框，则在以后打开的窗口中，显示常见类型的文件时只显示主文件名，扩展名被隐藏。

4.2.3　Windows 10 程序运行管理

1. 认识常用的软件

①　办公类：主要用于编辑文档和制作电子表格。Office 是目前使用最为广泛的办公软件，包含多个组件，如编辑文档的 Word、制作电子表格的 Excel 等。

②　播放器类：主要用于播放计算机和互联网中的媒体文件，如播放视频的暴风影音、迅雷看看、PPS 网络电视，播放音乐的网易云音乐、QQ 音乐等。

③　下载类：主要用于从互联网上下载文件，如迅雷、BT 下载等。

④　压缩类：主要用于压缩/解压缩文件，如 WinRAR。

⑤　翻译类：主要用于帮助用户翻译外文词语，如有道词典、金山词霸等。

⑥　阅读类：主要用于阅读各种电子书，如阅读 PDF 电子书的 Adobe Reader。

⑦　杀毒防毒类：主要用于维护计算机的安全，防止病毒入侵，如 360 杀毒、瑞星、卡巴斯基等。

2. 软件的安装

为了扩展计算机的功能，用户需要为计算机安装应用软件。

要安装应用软件，首先要获取该软件。某些大型应用软件需要从网络或实体店购买，并通过序列号或其他方式激活确认正版软件。某些免费软件可以从官网获取，一般此类软件都会带有广告等特征，如 QQ、微信、淘宝、京东、某些免费杀毒软件等。另外，目前国内很多软件下载站点也免费提供各种软件的下载。

应用软件安装（而不是复制）到 Windows 10 系统中才能使用。在存放软件的文件夹中找到 Setup.exe 或 install.exe（也可能是软件名称等）安装程序，如图 4-24 所示，双击它便可进行应用程序的安装操作。在安装的过程中可根据需要选择相应的选项。

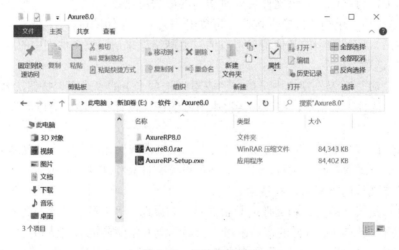

图 4-24　软件安装程序

3. 软件的卸载

当计算机中安装的软件过多时，会影响系统运行，所以建议将不用的软件卸载，以节省磁盘空间并提高计算机性能。卸载方法有两种，一种是使用"开始"菜单，另一种是使用"程序和功能"窗口。

（1）使用"开始"菜单卸载软件。

大多数软件会自带卸载命令，安装好软件后，一般可在"开始"菜单中找到该命令。卸载这些软件时，只需执行"卸载"命令，如图 4-25 所示，然后按照卸载向导的提示操作即可。

也可以在"开始"菜单中的程序名称上右击，在弹出的快捷菜单中选择"卸载"命令进行卸载。

（2）使用"程序和功能"窗口卸载软件。

使用 Windows 10 的"程序和功能"窗口也可以进行软件卸载。

图 4-25 在"开始"菜单中卸载

打开"控制面板"窗口，依次单击"程序"→"程序和功能"图标，打开"程序和功能"窗口，在"名称"下拉列表中选择要删除的程序，如图 4-26 所示，然后单击"卸载"按钮，接下来按提示进行操作即可。

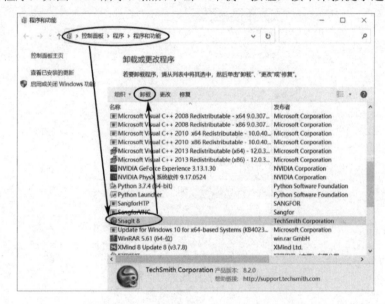

图 4-26 在"程序和功能"窗口卸载程序

4. 使用应用程序

要使用应用程序，首先要掌握启动和退出程序的方法。如果程序与操作系统不兼容，还需要为程序选择兼容模式，或以管理员身份运行。若某个程序可以用多种方式打开，可以为该程序设置默认的打开方式。

（1）正常启动和退出应用程序。

① 通过快捷方式图标：如果在桌面为应用程序创建了快捷方式图标，则双击该图标即可启动该应用程序。

② 通过"开始"菜单：应用程序安装后，一般会在"开始"菜单中自动新建一个它的快捷方式，在"开始"菜单的"所有程序"列表中单击要运行程序所在的文件夹，然后单击相应的程序快捷方式图标，即可启动该程序。

③ 通过应用程序的启动文件：在应用程序的安装文件夹中找到应用程序的启动图标（一般是以 exe 为后缀名的文件），然后双击它。

要退出应用程序，可以直接单击应用程序窗口右上角的"关闭"按钮，或在"文件"菜单中选择"退出"命令，或直接按"Alt+F4"组合键。

（2）使用兼容模式运行应用程序。

应用程序与操作系统的兼容性很重要，它决定应用程序能否正常运行。如果这个程序是针对老版本的 Windows 系统开发的，那么在新操作系统上可能会出现无法正常运行的现象，此时可尝试使用 Windows 10 的兼容模式来运行该程序。

右击程序启动图标，在弹出的快捷菜单中选择"属性"命令，弹出程序属性对话框，在"兼容性"选项卡中进行设置，然后单击"确定"按钮即可。以兼容方式运行 XMind 的程序属性对话框如图 4-27 所示。

图 4-27　程序属性对话框

（3）以管理员身份运行程序。

Windows 10 的管理员用户对计算机具有完全使用权限，包括安装一些应用软件、修改系统时间等。如果用户是以标准用户身份登录系统的，在运行某些应用程序时需要获得管理员权限，这时可以以管理员的身份运行程序。右击要运行的程序启动图标，在弹出的快捷菜单中选择"以管理员身份运行"命令，然后根据提示进行操作即可。

（4）设置文件的默认打开程序。

当用户在系统中同时安装多个功能相似的程序后，有些文件可以利用多个程序打开，此时可以设置文件的默认打开程序（双击文件后调用哪个程序打开文件）。可以通过以下两种方式设置文件的默认打开程序。

① 通过快捷菜单。

在文件名上右击，将光标移动到弹出的快捷菜单中的"打开方式"上，可弹出"打开方式"级联菜单，如图 4-28 所示。在级联菜单中选择某应用程序，那么本次使用该应用程序打开此文件。这种方式并没有更改文件的默认打开程序，只是临时性地使用用户所选择的程序打开了文件。如果要使此类型的文件以后都用新的程序来打开，则应选择级联菜单中的"选择其他应用"命令，弹出如图 4-29 所示的菜单列表。用户可在该列表中选择新的默认打开程序，并勾选"始终使用此应用打开.jpg 文件"复选框，单击"确定"按钮。

图 4-28 "打开方式"级联菜单　　　　　　图 4-29 菜单列表

② 通过"设置"窗口。

通过 Windows 10 的"默认程序"访问功能，可对文件所关联的默认程序进行设置。单击"开始"按钮，选择"设置"→"应用"，打开"设置"窗口。在左侧"应用"栏中选择"默认应用"，右侧会显示一些常用应用的打开程序。如播放视频时，默认使用"电影和电视"程序打开。单击"电影和电视"程序，弹出"选择应用"列表，如图 4-30 所示，用户可以在列表中选择用于打开视频文件的其他程序。

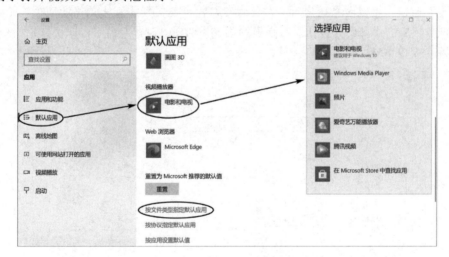

图 4-30 设置默认应用

对于"默认应用"中没有列出的应用，用户可以向下拖动窗口滚动条，如果单击图 4-30 中的"按文件类型指定默认应用"选项，则"设置"窗口切换至如图 4-31 所示的界面。该界面左侧的"名称"列列出的是文件的扩展名，表示文件类型，右侧的"默认应用"列列出的是该文件类型对应的默认打开程序。如图 4-31 所示，.pdf 文件原来默认的打开程序是 Adobe Acrobat Reader DC，单击"Adobe Acrobat Reader DC"，弹出"选择应用"列表，用户即可在列表中选择其他程序作为该类型文件的默认打开程序。

图 4-31　按文件类型指定默认应用

4.2.4　Windows 10 设置

Window 10 的很多地方都和原来的版本有很大差别，最常用的"设置"窗口就是其中之一。使用"设置"窗口，可以对系统进行个性化设置，使计算机使用起来更得心应手。

右击任务栏中的"开始"按钮，在弹出的菜单中选择"设置"命令，即可打开如图 4-32 所示的"设置"窗口主界面。

图 4-32　"设置"窗口主界面

1. 系统

单击主界面中的"系统",可进入如图 4-33 所示的"系统"设置界面。在左窗格中单击要设置的菜单项,右窗格中就会显示对应的选项。

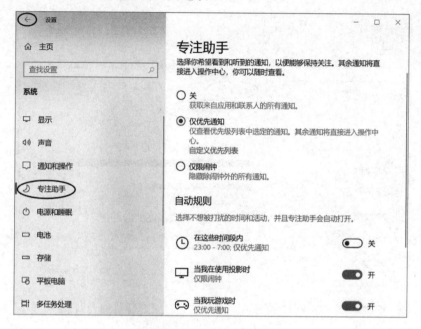

图 4-33 "系统"设置界面

（1）专注助手。

"专注助手"是 Windows 10 RS4 中新增加的一项功能,能够根据应用级别、时间范围、操作内容等接管 Windows 各项通知。当用户专心工作不想被其他事情打扰时,借助这项功能可以"屏蔽"一部分信息。

Windows 10 内置了三种"屏蔽"模式,分别是时间模式（23:00-7:00）、投影模式、游戏模式,满足一组或多组条件时,自动开启屏蔽功能。

设置好后单击窗口左上角的"←"按钮,可以退回到设置窗口的主界面。

（2）存储。

使用"存储"项可以查看驱动器的存储使用情况、管理存储空间、优化驱动器、对文件进行备份等。

"存储感知"功能可以通过删除不需要的文件,如临时文件和回收站中的内容,来自动释放存储空间。如图 4-34 所示,打开"存储感知"功能,并单击"配置存储感知或立即运行",进入如图 4-35 所示的界面,可进行存储感知设置。

2. 个性化

单击主界面中的"个性化",可进入如图 4-36 所示的"个性化"设置界面。在该界面可对桌面背景、颜色、锁屏界面、字体、"开始"菜单和任务栏进行个性化设置。

（1）锁屏界面。

在"个性化"设置界面的左窗格中选择"锁屏界面",可以选择漂亮的锁屏背景。在右窗格的"背景"栏中选择"Windows 聚焦",可使用官方提供的图集自动联网更换锁屏背景;选择"图片",可使用自己选中的单张照片来做锁屏背景;选择"幻灯片放映",可以自行选择一个图片文件夹，把其中的图片作为幻灯片来更换锁屏背景。然后单击其下方的"添加文件夹"按钮，在弹出的对话框中选择准备作为锁屏背景图片的文件夹，如图 4-36 所示，单击下方的"高级幻灯片放映设置"，可以进行更多的"幻灯片放映"设置。

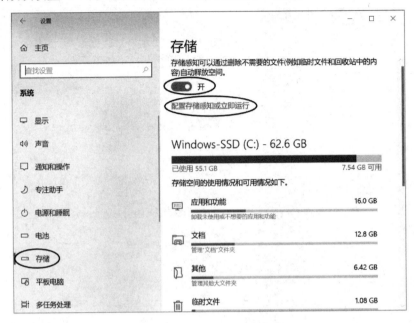

图 4-34 "存储"设置界面

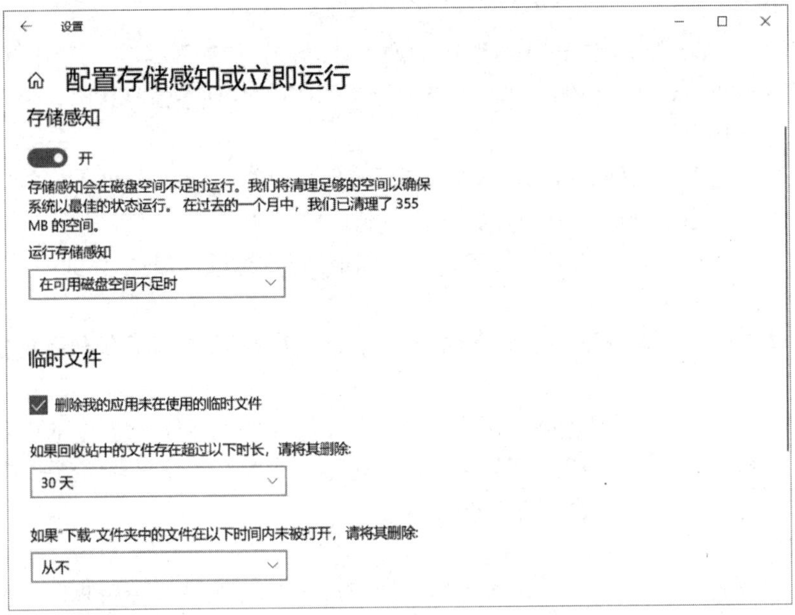

图 4-35 "存储感知"配置界面

单击图 4-36 右窗格下方的"屏幕保护程序设置"，弹出"屏幕保护程序设置"对话框，可以进行屏幕保护设置。

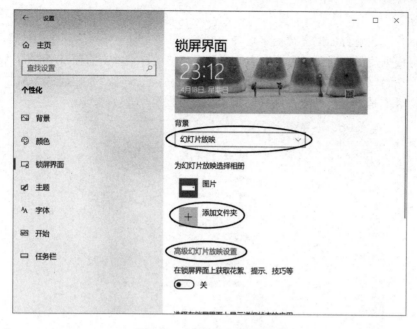

图 4-36 "个性化"设置界面

（2）主题。

在"个性化"设置界面的左窗格中选择"主题"，可进行主题设置。主题设置包括壁纸、背景颜色、声音和鼠标光标的设置等，不同的主题给用户不同的感受，可以使计算机界面看起来更加赏心悦目。

单击右窗格下部"相关设置"栏中的"桌面图标设置"，弹出如图 4-37 所示的"桌面图标设置"对话框。在"桌面图标"栏中勾选的系统图标将出现在桌面上。在该对话框中部的矩形框中选择一个图标后，单击"更改图标"按钮，弹出"更改图标"对话框，如图 4-38 所示，在"从以下列表中选择一个图标"栏中选择喜欢的图标后单击"确定"按钮，在图 4-37 中所选的图标将变为新的图形。

图 4-37 "桌面图标设置"对话框

图 4-38 "更改图标"对话框

（3）开始。

在"个性化"设置界面的左窗格中选择"开始"，可进行"开始"菜单的设置，如图 4-39 所示。用户可根据需要设置在"开始"菜单中显示哪些内容。单击右窗格下方的"选择哪些文件夹显示在'开始'菜单上"，可以进一步设置"文件资源管理器""文档""下载""音乐""图片"等系统文件夹是否显示在"开始"菜单中。

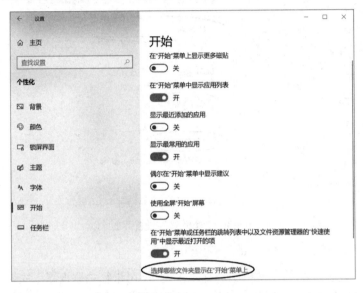

图 4-39 "开始"菜单设置界面

（4）任务栏。

在"个性化"设置界面的左窗格中选择"任务栏"，可进行任务栏的设置，包括锁定任务栏、自动隐藏任务栏等，还可以设置任务栏在屏幕上的位置，如图 4-40 所示。单击右窗格"通知区域"栏中的"选择哪些图标显示在任务栏上"，可以选择将哪些图标显示在任务栏的通知区域，如图 4-41 所示。

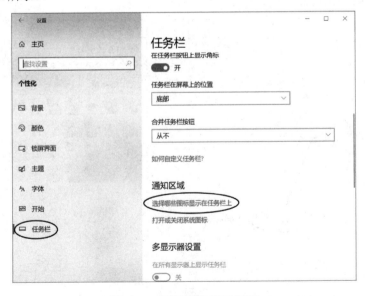

图 4-40 "任务栏"设置界面

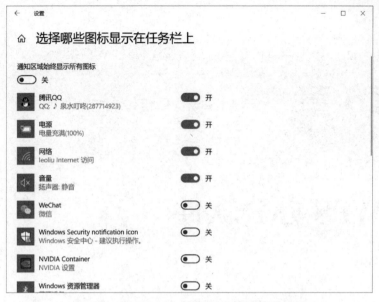

图 4-41 选择在任务栏的通知区域显示的图标

3. 更新和安全

选择主界面的"更新和安全",可进入如图 4-42 所示的"更新和安全"设置界面。在该界面中可以设置 Windows 10 的更新选项,进行数据备份、重置计算机等操作。

图 4-42 "更新和安全"设置界面

使用"Windows 更新"项可以设置 Windows 的更新时间段,设置暂停更新时长等。

使用"备份"项可以设置将文件保存在 OneDrive。OneDrive 是 Windows 10 自带的一个云盘同步应用,所有 Microsoft 账户都有免费的 5G 空间。文件保存在 OneDrive 上后,可在任何设备上访问,例如,使用 OneDrive 可以将手机上的照片同步到计算机上。

使用"备份"项还可以设置将文件备份在其他驱动器上,这样当原文件损坏、丢失或删除时,可以利用备份将其还原。

第5章

WPS 办公软件

WPS Office 是我国金山办公软件有限公司自主研发的套装办公软件，也是目前应用非常广泛的国产办公软件。常用的办公软件还有 Microsoft Office、腾讯文档等。

从 WPS 官方网站可以下载 WPS Office 软件，在 WPS 学院可以学习 WPS Office 操作技巧。本书所用版本为 WPS Office 教育考试专用版 v11.1.0.10009，可以从中国教育考试网下载。

5.1 WPS Office 概述

WPS Office 包含文字、表格、演示文稿、流程图、脑图、PDF、H5 等办公组件，具有强大的办公功能。

5.1.1 WPS 首页

WPS 具有一站式融合办公的特点，可以从首页新建或访问"文字""表格""PPT"等文档，查看日程等。WPS 首页界面如图 5-1 所示，各区域的功能如下。

导航栏：可以快速新建或打开文档，可以管理所有文档文件夹，包括最近开的文档、我的云文档、回收站等。

全局搜索框：在全局搜索框中输入要搜索的关键字后，可以搜索文件名包含关键字的云文档、本地文档、Office 技巧和模板，还可以对云文档进行全文检索，搜索正文内容包含关键字的云文档。

设置和账号：可以进行意见反馈、换皮肤、全局设置和账号管理。WPS 的部分功能只有登录账号后才能使用，如流程图、脑图、云文档等。

文档列表：可以快速访问和管理各类文档。

应用栏：包括各种扩展办公工具和服务。

信息中心：显示与账号相关的成长任务、日历及办公技巧推送等内容。

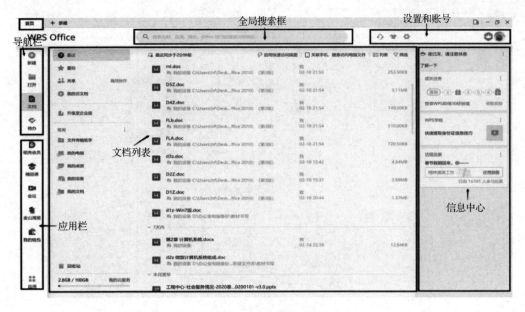

图 5-1　WPS 首页界面

5.1.2　新建 WPS Office 2019 文档

新建 WPS Office 2019 文档的常用方法有以下两种。

1. 在 WPS 中新建文档

如图 5-2 所示，单击 WPS 首页中的"新建"按钮，或者单击标签栏中的"+"按钮，标签栏中将增加一个"新建"标签，如图 5-3 所示。在图 5-3 中，先选择相应的文档类型（如选择"文字"），再单击"新建空白文档"按钮或选择一种模板即可。

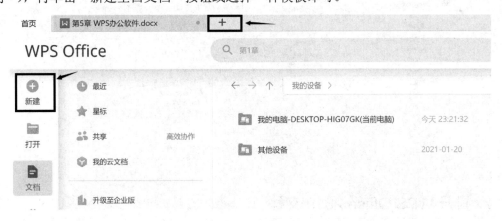

图 5-2　在 WPS 中新建文档（1）

2. 在资源管理器中新建文档

在要新建 WPS 文档的文件夹中右击空白处，在弹出的快捷菜单中选择"新建"命令，然后选择文档类型，如图 5-4 所示，选择"DOCX 文档"即可新建一个 WPS 文档。

图 5-3　在 WPS 中新建文档（2）

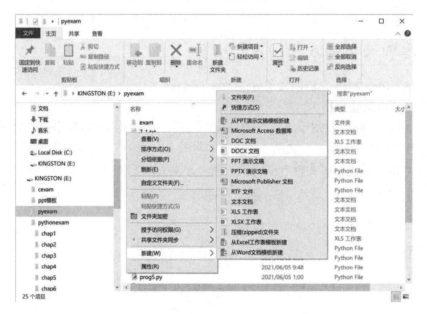

图 5-4　在资源管理器中新建文档

5.1.3　打开 WPS Office 2019 文档

打开 WPS Office 2019 文档的常见方法有以下两种。

1. 在 WPS 中打开文档

方法一：在 WPS 首页中单击"文档"按钮，双击需要打开的文档，或者右击需要打开的文档，然后在弹出的快捷菜单中选择"打开"即可，如图 5-5 所示。

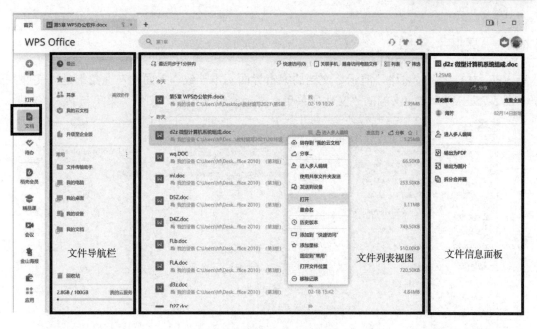

图 5-5　在 WPS 中打开文档

方法二：通过 WPS 首页的"打开"按钮，在弹出的"打开文件"对话框中选择要打开的文件，然后单击"打开"按钮即可，如图 5-6 所示。

图 5-6　通过"打开文件"对话框打开文件

2. 在资源管理器中打开文档

在保存文件的文件夹中双击要打开的 WPS 文档，即可打开指定文件。

5.1.4 "文件"菜单

WPS 中的文字、表格、演示等文档的编辑界面基本一致，界面的左上角都是"文件"菜单。图 5-7 是 WPS 文字文档的"文件"菜单，其他类型文档的"文件"菜单与其大致相同。

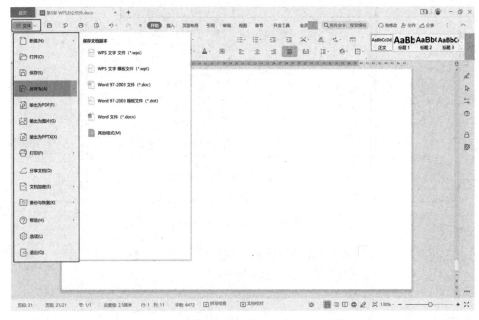

图 5-7 "文件"菜单

1. 文档类型转换

进行文档类型转换的方法有两种。一种方法是利用"另存为"命令。如要把正在编辑的.docx 文件另存为.pdf 文件，如图 5-7 所示，选择"文件"菜单中的"另存为"命令，弹出如图 5-8 所示的对话框，在"文件类型"框中选择"PDF 文件格式（*.pdf）"，单击"保存"按钮即可得到一个 PDF 文件副本。另一种方法是使用"文件"菜单中的命令，如"输出为 PDF""输出为图片""输出为 PPTX"，把文档转换为其他类型。

图 5-8 文档类型转换

2．文档加密

选择"文件"菜单中的"文件加密"命令，在弹出的菜单中选择"密码加密"命令，弹出"密码加密"对话框，可以分别设置打开文件的密码和修改文件的密码，如图 5-9 所示。

图 5-9　文档加密

5.2　WPS 文字文档

文字文档是日常工作中最常见的文档类型之一。WPS 文字是 WPS Office 2019 的一个组件，用它生成的文字文档的默认扩展名为".docx"。

5.2.1　文字文档的编辑修改

WPS 文字的工作窗口界面如图 5-10 所示。创建空白文档后，可以在文档窗格中输入和编辑文本。

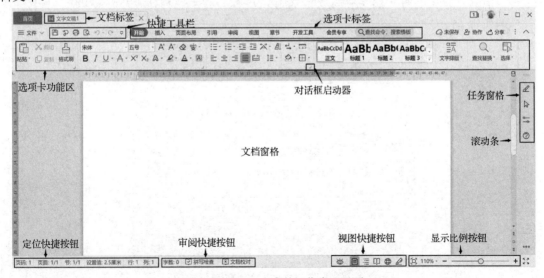

图 5-10　WPS 文字的工作窗口界面

1. 输入文本

在文档窗格内单击鼠标，鼠标光标会在文档内闪烁，提示用户可以在该位置输入文本。如果需要在文档特定位置输入文本，则可以用鼠标双击该位置，鼠标光标在该位置闪烁后即可输入文本。

2. 输入特殊符号

在"插入"选项卡中单击"符号"按钮，在弹出的"符号"对话框中通过设置"字体"和"子集"找到需要的符号，双击该符号或者单击"插入"按钮即可在文档中插入该符号，如图 5-11 所示。

图 5-11　"符号"对话框

在特殊符号中有一个智能勾选方框 ☑，单击它可以实现在 □ 和 ☑ 两种状态间切换，实现让用户通过单击鼠标进行勾选的功能。插入该符号的方法是，在如图 5-11 所示的"符号"对话框中，选择"字体"为"Wingdings 2"，选择符号 ☑，双击该符号或者单击"插入"按钮即可，如图 5-12 所示。

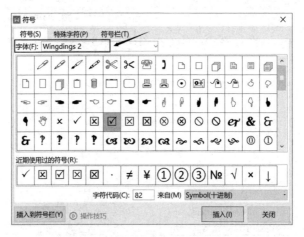

图 5-12　插入智能勾选方框

3. 选择文本

对文档进行格式设置和编辑排版时，需要先选择对应的文本。

（1）选择连续文本。

将鼠标光标放在要选取的文本的起始位置，按住鼠标左键并拖动鼠标到要选择的文本的结束位置，松开鼠标即可。或者单击要选择的文本的起始位置，然后在按住 Shift 键的同时单击选取文本的结束位置，也可以完成连续文本的选择。

（2）选择不连续的多处文本。

先拖动鼠标选中一部分文本，再在按住 Ctrl 键的同时拖动鼠标选择另一处或多处文本。

（3）选择一行。

将鼠标光标移动到某行的左侧空白位置，当鼠标光标变为斜向上箭头时，左击可选中该行。如果此时按住鼠标左键并拖动鼠标上下移动，则可以选择多行。

（4）选择一个段落。

将鼠标光标移动到某段落左侧空白位置，当鼠标光标变为斜向上箭头时，双击鼠标左键可选中该段落。或者将鼠标光标移动到某段落的任意位置，连续快速左击 3 次，也可以选中该段落。

（5）选择矩形文本。

将鼠标光标放在要选择区域的起始位置，按住 Alt 键的同时，拖动鼠标到要选择区域的结束位置，松开鼠标和 Alt 键，即可选中一块矩形区域的文本。

（6）选择整篇文档。

将鼠标光标移动到文档左侧空白位置，当鼠标光标变为斜向上箭头时，连续快速左击 3 次，可选中整篇文档。或者按"Ctrl+A"组合键，也可以选中整篇文档。

4. 移动或复制文本

（1）文本的复制与移动。

选择文本后，拖动文本可以移动文本。按住 Ctrl 键的同时拖动文本，可复制文本。用这种方式移动或复制的是文本的全部信息，包括文本内容和格式等。

（2）文本粘贴。

通过"开始"选项卡中的"复制""剪切"和"粘贴"按钮，也可以实现文本的复制或移动，如图 5-13 所示，单击"粘贴"下拉按钮，可以看到 WPS 提供的多种粘贴方式，包括：

- 带格式粘贴　同时粘贴被复制文本的文本内容和格式。
- 匹配当前格式　将所复制的文本调整为当前文本的格式进行粘贴。
- 只粘贴文本　只粘贴被复制文本中的文本内容，不粘贴图片、表格等。
- 选择性粘贴　根据需求对所复制的文本进行有选择的粘贴。

（3）格式复制。

使用"格式刷"可以把文档中某些文本的字体、字号、字体颜色、段落设置等格式应用到另一些文本。先单击设置好格式的文本，然后单击"开始"选项卡中的"格式刷"按钮，当鼠标光标变为一个小刷子形状时，再选中要应用格式的文本即可。

单击一次格式刷，只能应用一次。如果需要把格式复制应用到多处文字，则双击格式刷，可以连续多次选择文本并把格式应用到选中文本。格式复制完成后，按 Esc 键或再次单击"格式刷"按钮，即可结束格式复制。

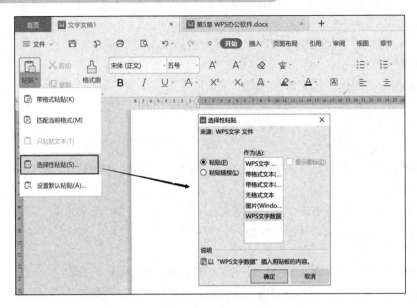

图 5-13　文本粘贴

5.2.2　文字文档的排版

1. 设置字体格式

文本的字体格式包括字体、字号、字体颜色、字体效果、字符底纹等。对文本进行字体格式设置之前应先选中该文本。

（1）通过"字体"选项组中的按钮设置字体格式。

选择"开始"选项卡，利用"字体"选项组中的按钮可以对选中的文本进行字体格式设置，如图 5-14 所示。

（2）通过浮动工具栏设置字体格式。

选中要设置格式的文本后，文本的右上方会出现浮动工具栏，通过浮动工具栏中的按钮可以设置常见格式，如字体、字号、字体颜色、行距等。

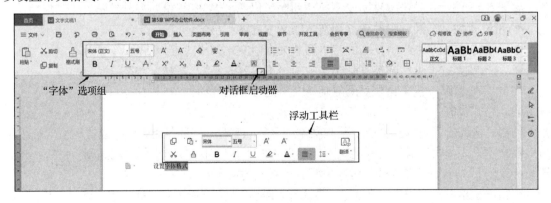

图 5-14　"字体"选项组

（3）通过"字体"对话框设置字体格式。

使用"字体"对话框可以进行更多的字体格式设置，方法如下。

选取要设置格式的文本后，单击"开始"选项卡的"字体"选项组右下角的"对话框启动器"，弹出如图 5-15 所示的"字体"对话框，在该对话框中可以进行字体格式设置。

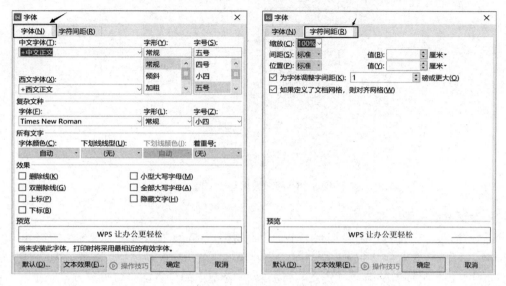

图 5-15 "字体"对话框

2. 设置段落格式

在 WPS Office 中，段落标记表示一个段落的结束。输入文本内容时，每按一次回车键就实现换行并产生一个段落标记。段落格式的设置包括缩进、对齐方式、行距、换行和分页等。

设置段落格式之前，如果只对一个段落进行设置，则用鼠标单击该段落任意位置即可。如果要对多个段落进行设置，则需要同时选中这些段落。设置段落格式的方法有两种，一种是通过"段落"选项组中的按钮进行设置；另一种是通过"段落"对话框进行设置。"段落"选项组及"段落"对话框中的两个选项卡如图 5-16 所示。

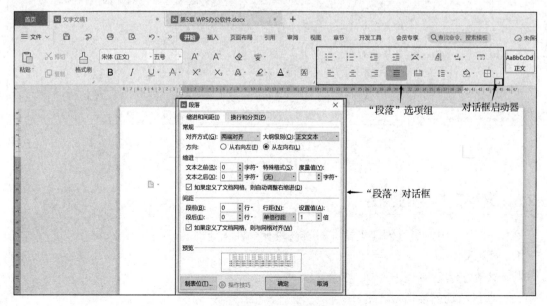

图 5-16 设置段落格式

图 5-16　设置段落格式（续）

3. 设置页面布局

页面布局包括设置页边距、纸张大小、页面背景、每页的行/列数、每行的字符数等。设置页面布局的方法有两种，一种是通过"页面布局"选项卡中的按钮进行设置；另一种是单击"页面布局"选项卡功能区中的"对话框启动器"，在弹出的"页面设置"对话框中进行设置，如图 5-17 所示。

图 5-17　设置页面布局

5.2.3　文字文档中的表格

在 WPS 文字中，可以创建表格并对表格进行个性化处理。

表格的格式设置

1. 插入表格

插入表格的方法有以下 3 种。

（1）通过滑动鼠标插入表格。

单击"插入"选项卡中的"表格"按钮，在下拉列表中的"插入表格"区域拖动鼠标，区域内的方格会随之变更所选的行数和列数，确定行列数后，单击鼠标即可插入表格，如图5-18所示。

图5-18　通过拖动鼠标插入表格

（2）通过"插入表格"命令插入表格。

单击"插入"选项卡中的"表格"按钮，在下拉列表中选择"插入表格"命令，弹出"插入表格"对话框，输入表格的列数和行数，也可以设置列宽，最后单击"确定"按钮即可，如图5-19所示。

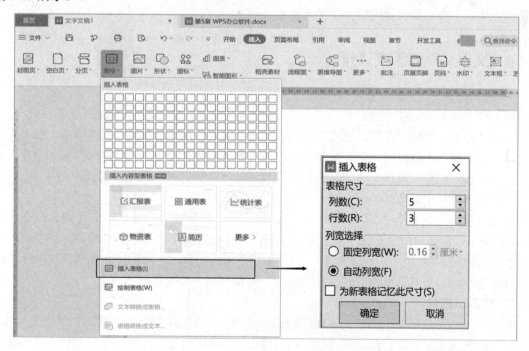

图5-19　通过"插入表格"命令插入表格

（3）绘制表格。

单击"插入"选项卡中的"表格"按钮，在下拉列表中选择"绘制表格"命令，鼠标指针变为黑色铅笔形状，在文档中拖动鼠标即可绘制表格。

2. 设置表格布局和表格样式

当鼠标光标在表格内时即可选中该表格，在选项卡区域会自动增加"表格工具"和"表格样式"选项卡，如图 5-20 所示，在"表格工具"选项卡中可以调整表格的行数、列数、行宽和列高，进行表格的合并与拆分、公式计算等操作。在"表格样式"选项卡中可以设置表格的边框、底纹、样式，增加斜线表头等。

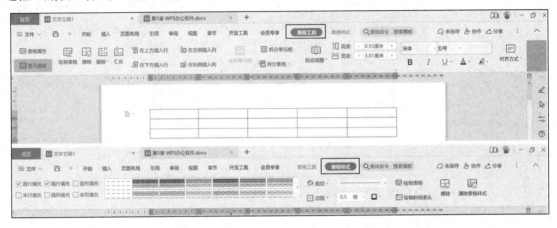

图 5-20 "表格工具"和"表格样式"选项卡

3. 文本和表格的相互转换

单击"插入"选项卡中的"表格"按钮，选择下拉列表中的"表格转换成文本"和"文本转换成表格"命令，可以实现表格和文本的相互转换。

5.2.4 文字文档的图文混排

1. 插入图片

（1）插入本地计算机中的图片。

单击"插入"选项卡中的"图片"按钮，弹出"插入图片"对话框。或者单击"插入"选项卡中的"图片"下拉按钮，在下拉列表中选择"本地图片"命令，也会弹出"插入图片"对话框。在"插入图片"对话框中选择需要的图片后，单击"打开"按钮即可插入图片。

（2）插入手机中的图片。

单击"插入"选项卡中的"图片"下拉按钮，在下拉列表中选择"手机传图"命令，如图 5-21 所示，在弹出的对话框中会显示二维码，通过微信用手机扫描该二维码，在手机屏幕上单击"选择图片"，或"从相册选择"，或"拍摄"上传图片，上传图片完成后即可在计算机的"插入手机图片"对话框中看到图片，双击图片即可插入该图片。

2. 插入二维码

单击"插入"选项卡中的"二维码"按钮，弹出"插入二维码"对话框，在"输入内容"框中输入网址或文字，就会自动生成对应的二维码，单击"确定"按钮即可在文档中插入该二维码，如图 5-22 所示。

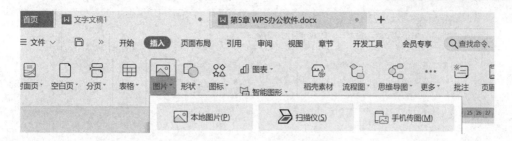

图 5-21　插入手机中的图片

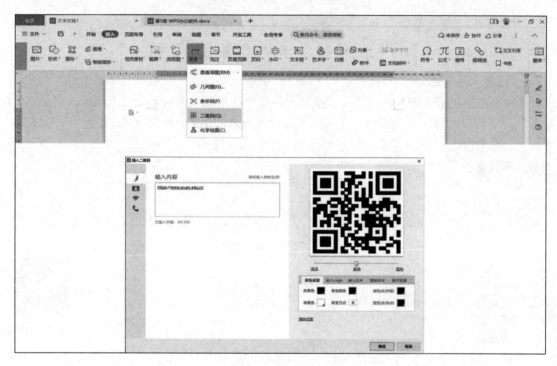

图 5-22　插入二维码

3. 插入截屏

单击"插入"选项卡中的"截屏"按钮，或者按"Ctrl+Alt+X"组合键，鼠标指针变为彩色三角形状，按住鼠标左键并拖动鼠标选择需要截图的区域，松开鼠标，出现如图 5-23 所示的浮动工具栏。单击浮动工具栏中的"√ 完成"按钮，截取的图片即可插入文档中。

图 5-23　浮动工具栏

单击浮动工具栏中的按钮，还可以对截图进行"文档转长图""存为 PDF""翻译文字""提取文字"操作。

4. 插入公式

单击"插入"选项卡中的"公式"按钮，在弹出的"公式编辑器"窗口中可以进行公式编辑，如图 5-24 所示。关闭"公式编辑器"窗口，输入的公式就以一个整体的形式插入文档中。双击该公式，会再次弹出"公式编辑器"窗口，可以对公式进行修改。

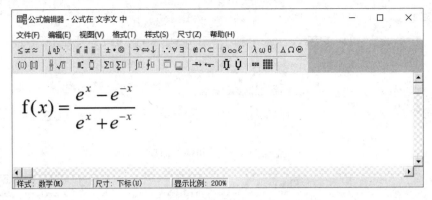

图 5-24　"公式编辑器"窗口

5. 设置图片格式

选中文档中的某个图片、公式、二维码等，会自动增加"图片工具"选项卡，如图 5-25 所示。单击"图片工具"选项卡中的按钮，可以设置图片的色彩、环绕方式，还可以进行裁剪、抠除背景等操作。

图 5-25　"图片工具"选项卡

5.2.5　文字文档的高级编排

插入页眉页脚

1. 插入页眉、页脚

页眉、页脚分别是文档页面的顶部和底部区域，通常用于显示页码、公司 Logo、文档标题、章节等信息。

插入页眉或页脚的方法：单击"插入"选项卡中的"页眉页脚"按钮，会自动打开"页眉页脚"选项卡，且页面处于页眉、页脚编辑状态，可在页眉或页脚处输入文字、页码、图片等，如图 5-26 所示。

单击"页眉页脚"选项卡中的"关闭"按钮，可退出页眉、页脚编辑状态。

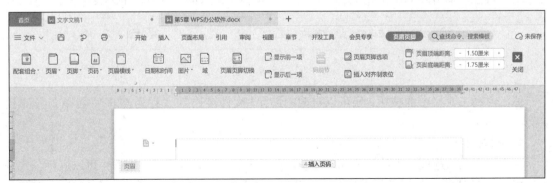

图 5-26　"页眉页脚"选项卡

2. 使用样式

样式是一种格式模板，在样式中预设了字符格式和段落格式。把样式应用到指定文字或段落中，就可以把预设好的格式应用到选定的文字或段落。

（1）应用"样式库"的样式。

使用样式

应用样式前，应先选择需要应用样式的文本或者单击需要应用样式的段落，然后在"开始"选项卡中单击"样式库"显示框的下拉按钮，弹出如图 5-27 所示的下拉列表。在"预设样式"中单击某种样式，即可把该样式应用到选定文本或鼠标光标定位的段落。

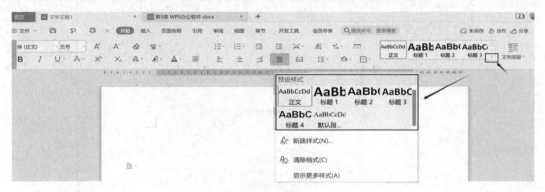

图 5-27　样式库

（2）新建样式。

在图 5-27 所示的下拉列表中，选择"新建样式"命令，在弹出的"新建样式"对话框中可以设置新样式的名称和格式，如图 5-28 所示。创建好的样式将出现在"开始"选项卡的"样式库"中。

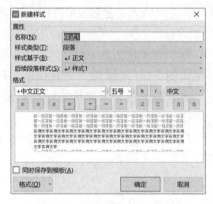

图 5-28　"新建样式"对话框

（3）修改样式。

右击"样式库"中的某个样式，在弹出的快捷菜单中可以选择"修改样式"或"删除样式"命令。

3. 生成目录

自动生成目录之前，必须为文档的各级标题应用标题样式，可以是 WPS 文字内置的标题样式，也可以是用户自定义的标题样式。

生成目录

（1）创建目录。

将鼠标光标移动到要建立目录的位置，单击"引用"选项卡中的"目录"按钮，弹出下拉列表，在"智能目录"或"自动目录"中选择一款目录，即可在文档中生成目录。

如果在"目录"下拉列表中选择"自定义目录"命令，则在弹出的"目录"对话框中可以设置目录的显示级别、制表符前导符等，如图 5-29 所示。

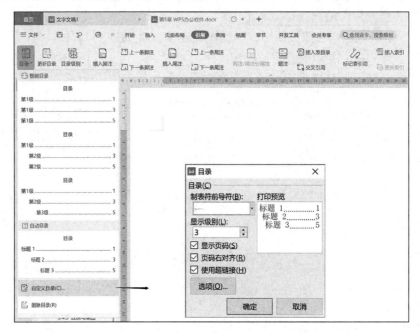

图 5-29 "目录"对话框

（2）更新目录。

插入目录后，如果对文档内容进行修改，导致文档的页码、标题等发生了变化，则需要更新目录。

图 5-30 "更新目录"对话框

更新目录的方法：单击"引用"选项卡中的"更新目录"按钮，弹出如图 5-30 所示的"更新目录"对话框，选中"只更新页码"或"更新整个目录"单选按钮，单击"确定"按钮即可。

（3）删除目录。

单击"引用"选项卡中的"目录"按钮，在下拉列表中选择"删除目录"命令即可。

5.2.6 文字文档的审阅

文档创作完成后，可能需要了解其他人对文档的意见。如学生写完论文，需要获知老师的修改意见，然后根据老师给出的意见进行相应修改。通过"审阅"选项卡中的各个功能按钮，可以实现对文档的多人审阅、不同版本文件的比对等。

1. 修订状态

单击"审阅"选项卡中的"修订"按钮，如果该按钮变为深色模式，则文档处于"修订"状态。在"修订"状态下，对文档所做的修改痕迹都将被记录下来，并以设定的状态显示出来。例如，新增加的文字会用彩色字体和下画线标注出来，删除的内容会记录在文档右侧的修订窗格中，如图 5-31 所示。

修订文档

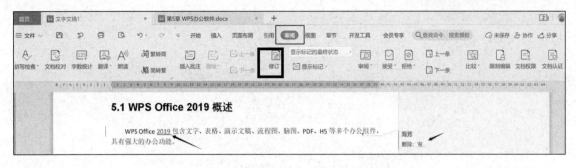

图 5-31 "修订"状态

在"修订"状态下，可以通过"审阅"选项卡中的"接受"或"拒绝"按钮接受修订或拒绝修订。

在"修订"状态下，再次单击"审阅"对话框中的"修订"按钮，该按钮会退出深色模式，文档也退出"修订"状态。

2. 添加批注

选择要添加批注的文本、图片等，或者将鼠标光标定位在要插入批注的位置，单击"审阅"选项卡中的"插入批注"按钮，在文档右侧会出现批注框，在其中输入批注信息即可。

单击批注框右上角的"编辑批注"下拉按钮，在下拉列表中可以选择"答复""解决"或"删除"，如图 5-32 所示。

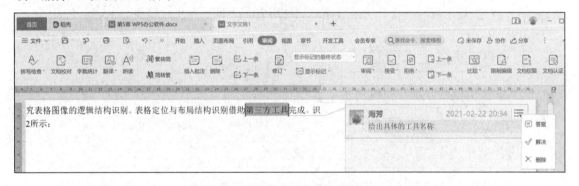

图 5-32 编辑批注

要删除某个批注，右击它并在弹出的快捷菜单中选择"删除批注"命令即可。要删除文档中的所有批注，单击"审阅"选项卡中的"删除"下拉按钮，在下拉列表中选择"删除文档中的所有批注"命令即可。

3. 比对文档

在创作和修改文档的过程中，会产生不同版本。要对比两个版本的差异，操作步骤如下：单击"审阅"选项卡中的"比较"按钮，在下拉列表中选择"比较"命令，弹出如图 5-33 所示的"比较文档"对话框。在该对话框中选择"原文档"和"修订的文档"并进行相应设置后单击"确定"按钮，文档右侧会显示两个文档的差异之处。

图 5-33 "比较文档"对话框

5.3 WPS 表格

用 WPS 表格不仅能方便快捷地制作表格，还能对表格中的数据进行处理和分析。

日常生活中有多种类型的表格，并非所有表格都适合在 WPS 表格中处理。例如，求职简历这样的文字描述型表格，适合在 WPS 文字文档中进行处理。WPS 表格更适合处理数据量庞大或需要进行大量运算和统计分析的数据，如订单管理表格、学生成绩表、工资汇总表等。

5.3.1 WPS 表格工作窗口

WPS 表格工作窗口如图 5-34 所示。

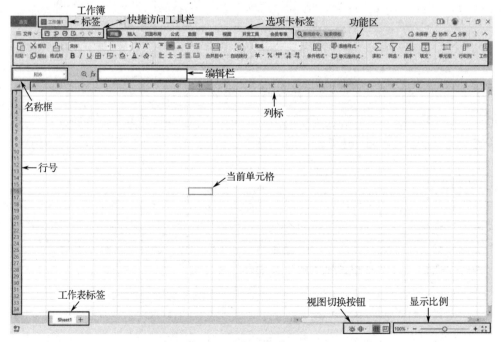

图 5-34 WPS 表格工作窗口

WPS 表格工作窗口包含和 WPS 文字工作窗口相似的部分，如快速访问工具栏、选项卡、功能区等，也包含自己独特的部分，如编辑栏、工作表标签等，下面分别进行介绍。

1. 工作簿和工作表

通常把一个 WPS 表格文档称为一个工作簿，表格文档的文件名就是工作簿的名称。WPS 表格文档的默认扩展名为 ".xlsx"。

在一个工作簿中可以包含多个工作表。每个工作表都有名称，工作表名显示在工作表标签上。插入的工作表被依次命名为 "Sheet1" "Sheet2" 等，用户可修改工作表的名称。单击工作表标签，可以在不同的工作表之间进行切换。当前正在操作的工作表称为活动工作表或当前工作表。

右击工作表标签，在弹出的快捷菜单中可以实现对工作表的插入、删除、重命名、复制等操作。

2. 单元格

每个工作表由 1048576 行和 16384 列组成。行号用数字 1、2、…、1048576 表示，列标依次用字母 A、B、…、Z，AA、AB、…、AZ，BA、BB、…、BZ，AAA、…、XFD 表示。

行和列交叉而成的方格称为单元格。单元格地址由单元格所在行列的列标和行号组成，用来标识单元格的位置。例如，"H16" 单元格就是 H 列和第 16 行交叉处的单元格。在单元格中可以输入和编辑数据。当前正在操作的单元格称为活动单元格或当前单元格。

3. 名称框

名称框用于显示当前所选单元格或单元格区域的名称。如果单元格尚未命名，则名称框会显示该单元格的地址名称。在名称框中输入地址名称时，也可以快速定位到目标单元格。例如，在名称框中输入 "C6"，按回车键即可将活动单元格定位到 C 列第 6 行。

4. 编辑栏

编辑栏用于显示、输入、编辑、修改当前单元格中的数据或公式。名称框和编辑栏的中间是工具框。当用户在编辑栏中输入数据或公式时，工具框会出现三个按钮 ✕、✓ 和 ƒx。单击 ✕ 按钮，可取消输入的内容；单击 ✓ 按钮，可确认编辑的内容，相当于按回车键；单击 ƒx 按钮，可输入函数。

5.3.2　编辑电子表格

1. 输入各种类型的数据

（1）输入文本。

输入文本时默认靠左对齐。要在一个单元格中输入多行数据，按 "Alt+Enter" 组合键，可以实现换行。换行后可以在一个单元格中显示多行文本，行的高度也会自动增大。

输入开头为 0 的数字（如 00601），并按回车键后，在单元格的左上角会出现 "切换" 按钮 ⊝，单击它可以把输入的数字转换为文本，数字最前面的 0 原样保留；如果不进行切换，则作为数值类型输入，数字最前面的 0 会消失。转换为文本后，单元格的左上角会出现绿色角标，单击该单元格时，会出现按钮 ⓘ，单击该按钮可以把文本转换为数字。

（2）输入数值。

输入数值时默认靠右对齐。Excel 在计算时，是用输入的数值参与计算的，而不是显示的数值。例如，某个单元格的数字格式设置为两位小数，如果输入的数值为 12.236，则单元格中显示的数值为 12.24，但计算时仍用 12.236 参与运算。

输入分数时，应先输入整数部分及一个空格，再输入分数，否则 Excel 会把它处理为日期数据。例如，输入 3/5 会被处理为 3 月 5 日。要输入分数 3/5，可以先输入 0，然后输入空格，再输入 3/5，按回车键后单元格中显示的是 3/5，而编辑栏显示的是分数 3/5 对应的数值 0.6。

输入负数时，可以用负号"−"或一对英文括号来表示负数。例如，在单元格中输入"−7"或者"(7)"，都可以实现输入负数"−7"。

（3）输入日期和时间。

输入日期时，可以用"/"或"-"分隔日期的年、月、日，如"2013/4/1""4-1"。输入当天的日期，可按"Ctrl+;"组合键。

输入时间时，小时、分钟和秒之间用":"隔开，可以用 AM 表示上午，PM 表示下午。输入当前的时间，可按"Ctrl+Shift+;"组合键。

在一个单元格中输入日期和时间时，日期和时间之间要用空格分隔。

2. 高效输入数据

WPS 表格提供高效输入数据的功能，从而提高输入数据的效率，降低输入错误率。

（1）批量输入相同内容。

要在多个单元格中输入相同的内容，只要选中这些单元格，输入数据后按"Ctrl+Enter"组合键即可。

（2）自动填充。

被选中的单元格或单元格区域的右下角有个黑色方块，称为填充柄。将鼠标指针指向填充柄时，鼠标指针会变成十形状，此时拖动鼠标，当松开鼠标时，可以填充相同数据或序列数据，同时在区域右下角出现一个"填充选项"按钮。单击"填充选项"按钮，可以在下拉列表中选择合适的填充方式，如图 5-35 所示。

图 5-35　用"填充柄"实现自动填充

3. 自定义序列

如果有经常使用但是系统未内置的数据序列，可以将其自定义为自动填充序列。如图 5-36 所示，在"文件"菜单中选择"选项"命令，在弹出的"选项"对话框中选择"自定义序列"选项卡，在"自定义序列"列表中单击"新序列"，在右侧的"输入序列"框中输入新的序列（以回车或逗号分隔），然后单击"添加"按钮，或者在"从单元格导入序列"编辑框中引用表格中已经存在的数据序列。

4. 选择区域

（1）选择一个连续的矩形区域。

有以下两种方法。

① 鼠标拖动法：将鼠标移动到矩形区域左上角的单元格，按住鼠标左键并拖动鼠标至矩形区域的右下角后，释放鼠标左键即可。

② 快捷键法：先单击要选取区域左上角的单元格，在按住 Shift 键的同时再单击要选取区域右下角的单元格即可。

（2）选择不连续的单元格区域。

先选择第一个单元格区域，在按住 Ctrl 键的同时再选择其他单元格区域。

（3）选择一行或一列。

单击工作表中的行号（或列号），即可选中该行（或该列）。

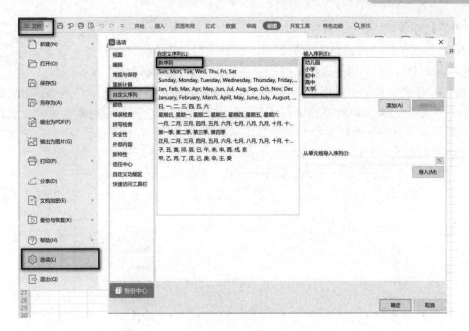

图 5-36　自定义序列

（4）选择连续的行或列。

有以下两种方法。

① 鼠标拖动法：将鼠标移动到起始行号或列标上，拖动鼠标到终止行号或列标上。

② 快捷键法：单击起始行号或列标，在按住 Shift 键的同时单击终止行号或列标。

（5）选择不相邻的行或列。

单击第一个行号或列标，在按住 Ctrl 键的同时单击其他行号或列标。

（6）选择整个工作表。

单击工作表左上角行号和列标交叉处的"选定全部"按钮 ◢，即可选择整个工作表。或者按"Ctrl+A"组合键也可以选择整个工作表。

5. 调整行高和列宽

（1）使用鼠标调整行高和列宽。

将鼠标移到两个行号之间的分界处或两列之间的分界处，待鼠标指针变成 ↕ 或 ↔ 形状时，拖动鼠标即可调整行高或列宽。

若要同时改变若干行的行高或若干列的列宽，先选定这些行或列，然后将鼠标移到其中任一行的下边界或其中任一列的右边界，再拖动鼠标到合适的行高或列宽即可。

（2）使用"行和列"按钮调整行高或列宽。

选定要调整行高的单元格或单元格区域，单击"开始"选项卡中的"行和列"下拉按钮，弹出如图 5-37 所示的下拉列表，选择相应的选项即可调整行高或列宽。

6. 设置单元格格式

设置单元格的字体、字号、对齐、边框等格式的方法与 WPS 文字的设置方法基本相同。

图 5-37　"行和列"下拉列表

7. 设置数字格式

WPS 表格中的数字可以是不同的类型，如日期型、货币型、百分比型等。在单元格中输入数字时，WPS 表格会对数字进行类型判断。如输入"￥1314"，WPS 表格将自动把它识别为货币型，并将其格式改为"￥1,314"。

设置数字格式

单击"开始"选项卡中的"数字格式"下拉按钮，可以选择不同的数字格式，如图 5-38 所示。或者单击"开始"选项卡中的"对话框启动器"，如图 5-39 所示，在弹出的如图 5-40 所示的"单元格格式"对话框的"数字"选项卡中，也可以进行数字格式设置。

图 5-38　设置数字格式

图 5-39　单击"对话框启动器"

图 5-40　"单元格格式"对话框的"数字"选项卡

常用的数字格式有以下 12 种。

① 常规：不包含任何特定的数字格式，按原样显示输入的数字。

② 数值：可以指定小数位数、是否使用千位分隔符和指定负数的表示方式。如 1,314、-1314.20 或（1314.20）。

③ 货币：将数字表示为货币值，并可指定货币符号，如￥866，$2,135。

④ 会计专用：在"货币"格式的基础上，将一列数值的货币符号或小数点对齐。

⑤ 日期：可以选择日期的显示形式，如"2021-8-1"或"2021 年 8 月 1 日"。

⑥ 时间：可以选择时间的显示形式。

⑦ 百分比：以百分比形式显示数字，并可指定小数位数。

⑧ 分数：以分数形式显示数字，如 3/5。

⑨ 科学记数：以科学记数形式显示数字，并可指定小数位数。

⑩ 文本：把单元格中的数字作为文本处理，默认对齐方式为左对齐。

⑪ 特殊：可以把数字转换为邮政编码、中文小写数字、中文大写数字或人民币大写。

⑫ 自定义：可以自定义数字的格式，如图 5-40 所示。下面介绍自定义数字格式时常用的符号及其意义。

#：只显示有意义的数字而不显示无意义的零。

0：显示数字，如果数字位数少于格式中的零的个数，则显示无意义的零。

?：为无意义的零在小数点两边添加空格，以便使小数点对齐。

,：为千位分隔符或者将数字以千倍显示。

自定义格式最多可包含 4 个部分，各部分之间用分号分隔，每部分依次定义正数、负数、零值和文本的格式。如果自定义数字格式只包含两个代码部分，则第一部分用于定义正数和零的格式，第二部分用于定义负数的格式。如果仅指定一个代码部分，则该部分将用于定义所有数字的格式。如果要跳过某一代码部分，然后在其后面包含一个代码部分，则必须为要跳过的部分包含结束分号。如果要设置格式中某部分的颜色，则在该部分输入颜色的名称并用方括号括起来。

8. 设置条件格式

使用条件格式，可以在指定区域中将满足条件的单元格设置为指定的格式。操作步骤如下：选中要设置格式的区域，单击"开始"选项卡中的"条件格式"按钮，在下拉列表中选择需要的条件格式规则，如图 5-41 所示。

设置条件格式

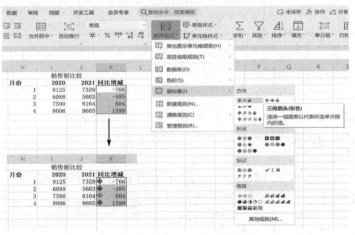

图 5-41　设置条件格式

5.3.3 公式运算

WPS 表格强大的数据处理能力主要是通过丰富的公式和函数来实现的。

1. 公式

公式以等号"="开始，后面是参与运算的表达式。公式中可以包含数字、运算符、引用、函数等。在一个单元格中输入公式后，该单元格中显示的是公式的计算结果，选中该单元格时在编辑栏中会显示完整的公式。

使用公式时应注意以下几点。

① 输入公式时，首先要输入一个等号"="。公式中的标点符号必须使用英文标点符号，如双引号、括号、大于号等。

② 公式中的文本要用双引号括起来，否则该文本会被认为是一个名字。

③ 当公式中的数字中含有货币符号、千位分隔符、百分号及表示负数的括号时，该数字也要用双引号括起来。

④ 公式中可直接使用单元格的地址。

2. 公式中的运算符

公式中的运算符包括引用运算符、算术运算符、比较运算符和文本运算符。

（1）引用运算符。

引用运算符包括区域运算符、联合运算符和交叉运算符。表 5-1 给出了各个引用运算符的含义及示例。

表 5-1　引用运算符的含义及示例

引用运算符	名称	含义	示例
:（冒号）	区域运算符	表示对两个引用之间、包括两个引用在内的所有区域的单元格进行引用	A1:B2 表示 A1、A2、B1 和 B2 共 4 个单元格
,（逗号）	联合运算符	表示将多个引用合并为一个引用	A1:B2, D2:E3 表示由以上两个区域组成的部分，即 A1、A2、B1、B2、D2、D3、E2、E3 共 8 个单元格
（空格）	交叉运算符	表示产生同时属于两个引用的单元格区域的引用	G1:I2　H2:J3 表示单元格区域 G1:I2 和单元格区域 H2:J3 的交叉部分，即单元格区域 H2:I2

输入公式时，单元格地址或单元格引用可以直接输入，也可以用鼠标选定相应的单元格，单元格引用会自动出现在编辑栏中。

（2）算术运算符。

算术运算符包括加（+）、减（-）、乘（*）、除（/）、百分数（%）、乘方（^）。运算的优先级顺序与数学运算中的优先级顺序相同。

（3）比较运算符。

比较运算符可以比较两个同类数据，其结果为逻辑值 TRUE 或 FALSE，TRUE 表示比较的结果成立，FALSE 表示比较的结果不成立。比较运算符包括等于（=）、小于（<）、大于（>）、大于等于（>=）、小于等于（<=）、不等于（<>）。例如，公式"=5>9"的结果为 FALSE。

（4）文本运算符。

文本运算符（&）可以将两个字符串连接起来产生一个连续的字符串。例如，公式"="微" & "笑""的结果为字符串"微笑"。

公式中，运算符的计算优先级从高到低依次为：引用运算符>算术运算符（负号>百分比>乘幂>乘除>加减）>文本运算符>比较运算符。

3. 单元格的引用

引用的作用在于标识工作表上的单元格或单元格区域，并指明公式中所使用的数据的位置。对单元格的引用分为相对引用、绝对引用和混合引用。

（1）相对引用。

输入公式时，在单元格地址前不加任何符号，这种引用称为相对引用，如 A2、D5 等。输入公式时利用鼠标单击单元格或区域，在公式中所插入的地址就是相对引用。如果使用相对引用，当把一个含有单元格地址的公式从某一个单元格（称为源单元格）复制到另一个单元格（称为目的单元格）时，公式中的单元格地址会随之改变，使它相对于目的单元格的关系与原公式中的地址相对于源单元格的关系保持不变。

例如，在如图 5-42 所示的"成绩单"工作表中，先在单元格 F2 中输入公式"=C2+D2+E2"，求出"刘逸云"的总分，然后将鼠标指针移到 F2 单元格的填充柄，再拖动鼠标经过 F3、F4 直到 F8 单元格，即可求出其他学生的总分。此时，分别单击 F3、F4、F5 单元格，在编辑栏中查看它们的内容，可发现 F3 中的公式为"=C3+D3+E3",而 F4 中的公式为"=C4+D4+E4"……由此可见，当把 F2 复制到 F3 时，改变了结果所在行的位置，所以 F3 中公式的单元格地址的行号也自动增加了 1。

（2）绝对引用。

绝对引用是指把公式复制到新位置时，公式中的单元格地址保持不变。要使用绝对引用，应在单元格地址的行号和列标前各加一个美元符号"$"，如$F$3 表示对 F3 单元格的绝对引用。

例如，在图 5-43 中，将打折的折扣率 0.9 放在 C1 单元格中，在 C3 单元格输入公式"=B3*C1"，然后将鼠标指针指向 C3 单元格右下角的填充柄，拖动鼠标经过 C4 到 C7 单元格，释放鼠标左键，此时，C4 中的公式为"=B4*C1"，C5 中的公式为"=B5*C1"。由此可见，在 C3 的公式中单元格地址 B3 为相对引用，公式被复制后，它会随着目的单元格的变化而变化；单元格地址C1 是绝对引用，公式被复制后，它不发生变化。

在输入公式时，可以直接输入"$"符号以表示绝对引用。也可以按功能键 F4 快速给选定的地址加上"$"符号，使其变为绝对引用。如本例中，在 C3 单元格中输入"=B3*C1"后，单击编辑框中的"C1"，然后按 F4 键，编辑框中的公式就变为"=B3*C1"。

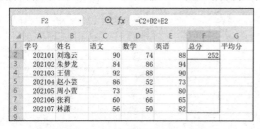

图 5-42 公式的相对引用示例

图 5-43 公式的绝对引用示例

（3）混合引用。

混合引用是指在复制公式时只保持行地址或只保持列地址不变。混合引用的表示方法是只在单元格地址的行号或列标前加上"$"符号。如果只在单元格地址的列标前加上"$"符号，如$C2、$D6，则复制公式时，单元格地址的列标不变而行号会随着目的地址的改变而改变；如果只在单元格地址的行号前加上"$"符号，如C$2、D$6，则在复制公式时，单元格地址的行号不变而列标会随着目的地址的变化而变化。

（4）工作表和工作簿引用。

如果要引用同一工作簿中其他工作表中的单元格，则应在单元格引用前加上工作表名称和一个惊叹号。如果要引用其他工作簿中的单元格，则应在工作表名称前再加上方括号括起来的工作簿名称。

例如，在 Book1 工作簿 Sheet1 工作表的 G5 单元格中输入公式"=Sheet2!C3+2"，其中"Sheet2!C3"表示对同一工作簿的 Sheet2 工作表中 C3 单元格的相对引用。若在公式中输入"[Book2]Sheet1!C3"，则表示对 Book2 工作簿的 Sheet1 工作表中 C3 单元格的绝对引用。

5.3.4 函数的使用

函数是 Excel 预先定义的公式，它由函数名和一对圆括号括起来的若干参数组成。参数可以是常数、单元格或区域、公式、名称或其他函数。参数之间用逗号分隔。有的函数没有参数，但是左右圆括号仍然需要。函数对其参数值进行运算，返回运算的结果。

在公式中输入函数的常用方法有以下几种。

1．直接输入函数

依次输入"="、函数名、左括号、具体参数、右括号。例如，在 F8 单元格输入公式"=SUM(C8:E8)"。当参数为单元格地址或范围时，可用鼠标在工作表中进行选取，所选的单元格地址或区域会自动插入函数中。

2．用函数向导输入函数

以在图 5-44 中的 F2 单元格计算总分为例。单击存放结果的 F2 单元格，单击编辑区的"fx"按钮，在弹出的"插入函数"对话框中选择函数"SUM"，单击"确定"按钮，弹出"函数参数"对话框，在"数值 1"参数框中输入"C2:E2"（或者用鼠标选中 C2、D2 和 E2 三个单元格），单击"确定"按钮，编辑栏中会显示"=SUM(C2:E2)"，而 F2 单元格中会显示计算结果"252"。

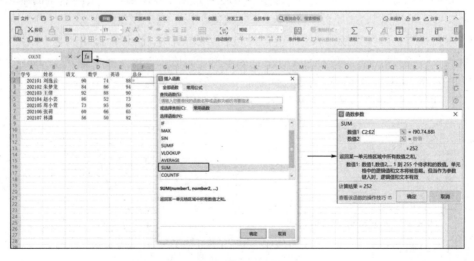

图 5-44　用函数向导输入函数

3. 用"求和"按钮输入函数

以在图5-45中的G2单元格计算平均分为例,单击"开始"选项卡中的"求和"下拉按钮,在下拉列表中选择"平均值"命令,编辑栏中会出现公式"=AVERAGE(C2:F2)"。由于默认出现的参数"C2:F2"不正确,需要把参数改为"C2:E2",修改完成后单击编辑栏中的"输入"按钮或按回车键即可。

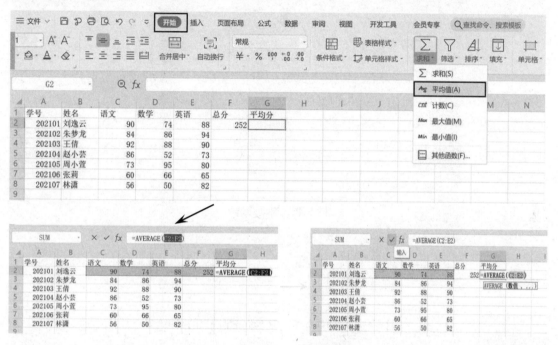

图5-45 用"求和"按钮输入函数

5.3.5 数据管理与统计

1. 自动筛选

自动筛选

自动筛选是一种快速的筛选方法,把不满足条件的记录隐藏起来,只显示符合条件的记录。
(1) 启用自动筛选。

要在如图5-46所示的"参赛人员"工作表中筛选出"经济学院"的人员,操作步骤如下:单击数据区域中的任意一个单元格,单击"数据"选项卡中的"自动筛选"按钮,"自动筛选"按钮会呈现高亮显示状态,数据列表的标题行每列的右侧出现一个下拉按钮。单击"学院"右侧的下拉按钮,弹出"筛选面板",勾选"经济学院"复选框,单击"确定"按钮,只显示"经济学院"的人员,其他行的数据被隐藏。筛选结果如图5-47所示。

自动筛选的筛选条件涉及多列数据时,只需分别在这些列的下拉列表中选择相应的筛选条件即可,不同列的条件之间是"与"(即"并且")的关系。

例如,在图5-47已经筛选出"经济学院"人员的基础上,单击"性别"右侧的下拉按钮,在弹出的"筛选面板"中勾选"男"复选框,单击"确定"按钮,即可筛选出学院为"经济学院"且性别为"男"的人员。筛选结果如图5-48所示。

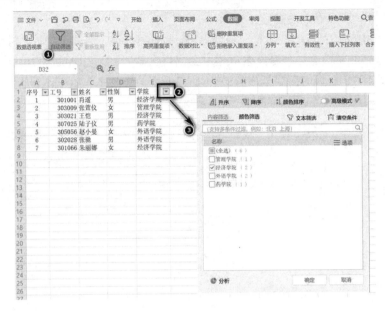

图 5-46　自动筛选

图 5-47　自动筛选学院为"经济学院"的结果

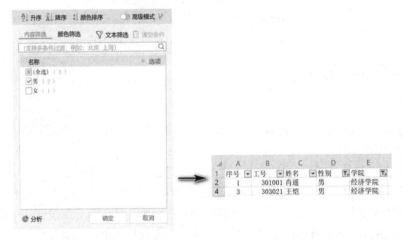

图 5-48　自动筛选学院为"经济学院"且性别为"男"的结果

（2）取消自动筛选。

① 取消对指定列的筛选。要取消图 5-48 中的性别为"男"的筛选，单击"性别"右侧的下拉按钮，在弹出的"筛选面板"中单击"清空条件"按钮，或者勾选"全选"复选框然后单击"确定"即可。

② 取消对数据列表的所有筛选。单击"数据"选项卡中的"全部显示"按钮即可。

③ 退出自动筛选。再次单击"数据"选项卡中的"自动筛选"按钮，使其退出高亮状态，

可退出自动筛选状态，同时取消对数据表的所有筛选。

2. 高级筛选

（1）启用高级筛选。

高级筛选条件可以包括一列中的多个条件、多列中的多个条件，从而满足复杂 高级筛选
的筛选要求。完成高级筛选有两个步骤：一是设定筛选条件，二是进行高级筛选。

设置高级筛选的条件时需要注意以下几点。

① 先在工作表中选择一个区域用于输入筛选条件，该区域称为条件区域。建议把条件区域放在数据表的下方或上方（至少空出一行的位置），而不放在数据表的左侧或右侧，以避免条件区域随着筛选的数据行一同被隐藏。

② 在条件区域首行中输入要参与筛选的列的列标题。条件区域中的列标题必须与数据表单中的列标题一致，排列次序和出现次数不要求一致。为了避免输入错误，建议把数据表中要参与筛选的列的列标题复制到条件区域的首行。

③ 在条件区域的列标题下方输入对应的筛选条件。属于"并且"关系的条件写在同一行，属于"或者"关系的条件放在不同行。

根据条件区域进行高级筛选时，将条件区域列标题下的条件与数据表中相同列标题下的数据进行比较，满足条件的行会被筛选出来。

例如，要筛选出如图 5-49 所示的"工资单"工作表中市场部应发工资大于 20000 的和企划部应发工资小于 10 000 的员工，操作步骤如下。

① 在数据表下方的一片空白区域，输入筛选条件。

② 单击"开始"选项卡中的"筛选"下拉按钮，在下拉列表中选择"高级筛选"命令。

③ 在弹出的如图 5-49 所示的"高级筛选"对话框中进行设置：选中"将筛选结果复制到其他位置"单选按钮，"复制到"框变为可用，"列表区域"的引用为 A1:H7，"条件区域"的引用为 E10:F12，在"复制到"框中选择 A16，单击"确定"按钮，筛选结果会显示在以 A16 为左上角的区域中。

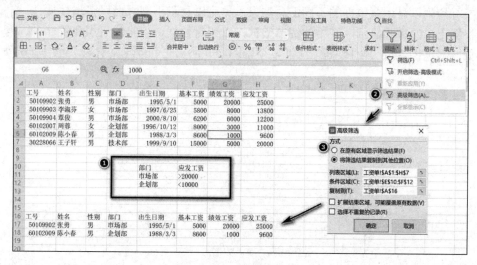

图 5-49 高级筛选（1）

（2）取消高级筛选。

如果在"高级筛选"对话框中选中"在原有区域显示筛选结果"单选按钮，如图 5-50 所

示，则原有数据表中不满足条件的行被隐藏起来，如图 5-51 所示。若要取消"高级筛选"，显示原有数据表中的所有行，单击"开始"选项卡中的"筛选"下拉按钮，在下拉列表中选择"全部显示"命令即可。

图 5-50 高级筛选（2）

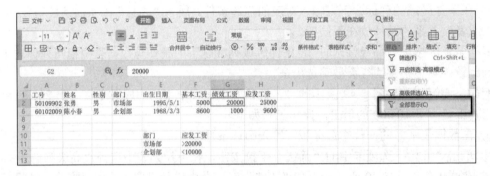

图 5-51 高级筛选（3）

3. 数据透视表

通过数据透视表可以对数据进行快速汇总和建立交叉列表的交互式表格。不仅可以转换行和列以显示源数据的不同汇总结果，也可以显示不同页面以筛选数据，还可以根据用户的需要显示区域中的细节数据，以便对数据进行重新组织和统计。 数据透视表

例如，根据图 5-52 中的数据，统计各个学院参赛的男士和女士的人数，操作步骤如下。

图 5-52 插入数据透视表

① 单击"插入"选项卡中的"数据透视表"按钮。

② 在弹出的如图 5-53 所示的对话框中选择单元格区域和放置数据透视表的位置，单击"确定"按钮。由于图 5-53 中选择放置数据透视表的位置为"新工作表"，因此自动生成新工作表。

同时，自动出现"分析"选项卡，其中包含对数据透视表进行分析的若干按钮，如图 5-54 所示。

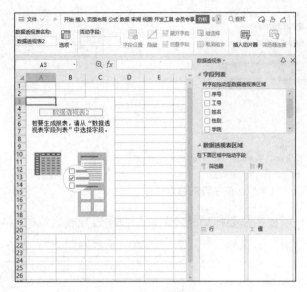

图 5-53 "创建数据透视表"对话框　　　　　　　图 5-54 "分析"选项卡

③ 从"字段列表"中把"性别"字段拖动到"数据透视表区域"的"列"区域，把"学院"字段拖动到"行"区域，把"工号"字段拖动到"值"区域，可自动生成以学院为行、以性别为列、以工号之和为值的数据透视表，如图 5-55 所示。

④ 如图 5-56 所示，单击"值"区域中的"求和项:工号"，在弹出的菜单中选择"值字段设置"。

图 5-55 数据透视表区域的设置　　　　　　图 5-56 值字段设置

⑤ 在弹出的对话框中选择"值字段汇总方式"为"计数"，如图 5-57 所示，数据透视表中显示的值就是工号的个数，即人数，如图 5-58 所示。

图 5-57　值字段汇总方式

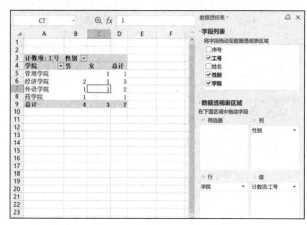

图 5-58　数据透视表统计结果

可以根据需要拖动相应字段到数据透视表区域的不同位置，得到不同的数据透视表。例如，把"性别"字段拖动到"列"区域，结果如图 5-59 所示。

图 5-59　调整数据透视表

5.3.6　图表的制作

使用图表功能可以更加直观地将工作表中的数据体现出来，使原本枯燥无味的数据信息变得生动形象。

1．插入图表

例如，要用条形图显示图 5-60 中所有学生的各科成绩，具体操作步骤如下：选中数据区域 B1:E8（注意应包括列标题），在"插入"选项卡中单击"插入条形图"按钮，在弹出的下拉列表中选择一种条形图类型，如"堆积条形图"，即可创建一个图表。

2．图表的编辑

图表主要由绘图区、图表区、图表标题、数据系列、坐标轴、图例等组成，在图表中移动鼠标指针，在不同的区域停留时会显示鼠标指针所在区域的名称。

如果用户对已完成的图表不太满意，可以对图表进行编辑或修饰。对图表进行修饰的方法有以下 4 种。

图表的编辑

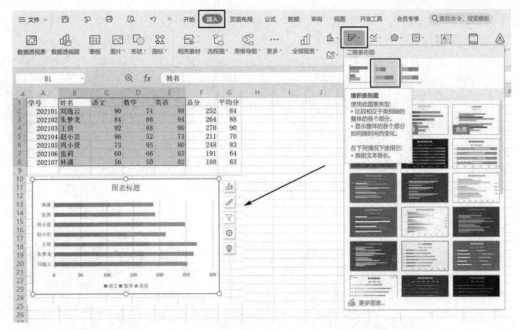

图 5-60　插入图表

① 选定图表，此时功能区增加了"绘图工具""文本工具"和"图表工具"3个选项卡，可以进行图表的编辑与修饰。

② 要修改某部分时，可以直接双击该部分，工作表右侧会出现对应的"属性"任务窗格，可以进行相应设置。

③ 选中图表，图表右侧会出现快捷按钮，可以进行相应设置。

④ 右击要修改的部分，在弹出的快捷菜单中选择相关命令。例如，要修改图表标题，右击图表标题，在弹出的快捷菜单中选择"设置图表标题格式"命令。

5.4　WPS 演示文稿

通过 WPS 演示可以制作集文字、图像、声音、动画和视频剪辑等多媒体元素于一体的演示文稿，以生动形象的方式展示信息、表达观点。WPS 演示文稿的文件扩展名默认为".pptx"，每个演示文稿通常由若干张幻灯片组成。

5.4.1　演示文稿的排版

1. 创建新演示文稿

新建演示文稿可以采用新建空白演示文稿、基于在线模板创建两种方式。

WPS 文稿与金山旗下的"Docer 稻壳儿"实现资源互通，并提供大量演示文稿模板。在联网状态下，用户可根据需要选择适合的模板，快速创建美观的演示文稿。

2. 设置幻灯片的大小

新建的空白演示文稿的默认幻灯片的大小是"宽屏（16∶9）"，可以通过以下操作步骤修改：单击"设计"选项卡中的"幻灯片大小"按钮，在下拉　设置幻灯片的大小列表中选择"标准（4∶3）"或"自定义大小"命令。

3. 切换视图方式

WPS 演示文稿有多种视图模式，包括"普通""幻灯片浏览""备注页""阅读视图""幻灯片母版"等。打开 WPS 演示文稿时，默认处于"普通"视图模式。

单击"视图"选项卡，然后单击需要的视图按钮即可切换视图模式。

4. 幻灯片母版的应用

通过幻灯片母版可以对每张幻灯片进行统一设计，节省制作时间。如可以在每张幻灯片的相同位置添加 Logo 标志。

幻灯片母版的应用

单击"视图"选项卡中的"幻灯片母版"按钮，或者单击"设计"选项卡中的"编辑母版"按钮，都可以切换到如图 5-61 所示的"幻灯片母版"视图界面，且功能区会新增"幻灯片母版"选项卡。

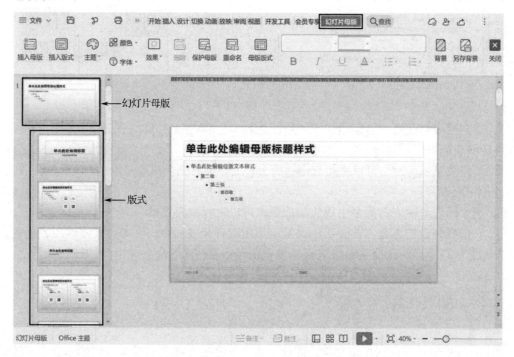

图 5-61　"幻灯片母版"视图界面

在"幻灯片母版"视图界面，如果在左侧选择"母版"，则可以为除了标题版式的所有幻灯片设计主题、背景、字体，插入图片等；如果在左侧选择某种版式，则可以为该版式的所有幻灯片进行设计。

单击"幻灯片母版"选项卡中的"关闭"按钮可退出"幻灯片母版"视图界面。

5.4.2　演示文稿的放映

演示文稿制作完成后，放映幻灯片就能观看幻灯片的动画效果、切换效果、视频等。

1. 幻灯片放映

单击"放映"选项卡中的"从头开始"或"当页开始"按钮，或者单击状态栏中的"放映"图标，可以进入放映视图，观看幻灯片演示效果。

在放映过程中，按 Esc 键可退出放映视图。

在放映过程中，WPS 演示还提供了墨迹画笔和演示聚焦等辅助功能，单击屏幕左下角的工具栏中的相应按钮或右击幻灯片，都可以选择相应功能。

2. 排练计时

通过排练计时功能，可以对放映过程进行排练并记录排练时间。

单击"放映"选项卡中的"排练计时"按钮可进入放映状态，同时弹出"预演"工具栏，显示当前幻灯片的放映时间和当前的总放映时间，如图 5-62 所示。

放映排练结束时，弹出对话框询问是否保存排练时间。如果选择"是"，则进入幻灯片的"幻灯片浏览"视图，并在每张幻灯片的下方显示该幻灯片的放映时间。

在"普通"视图或"幻灯片浏览"视图下，选中某张幻灯片，在"切换"选项卡中的"自动换片"编辑框中可以修改该幻灯片的放映时间。

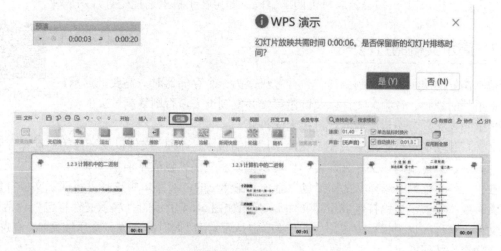

图 5-62　排练计时

3. 设置放映方式

用户可以根据演讲时的实际放映环境采用不同的放映方式。

单击"放映"选项卡中的"放映设置"按钮，弹出"设置放映方式"对话框，如图 5-63 所示。

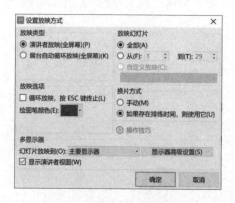

图 5-63　"设置放映方式"对话框

在"放映类型"栏中有两种放映方式，用户可以根据需要进行选择。

①"演讲者放映（全屏幕）"是以全屏幕显示幻灯片，是系统默认的放映类型，也是常用的方式，由演讲者控制幻灯片的放映过程。

②"展台自动循环放映（全屏幕）"是以全屏幕方式自动、循环播放幻灯片，不需要用户控制。如果事先保存了排练时间，则按照排练的速度进行放映。用户也可以在放映前通过"切换"选项卡中的"自动换片"编辑框修改每张幻灯片的放映时间。

在"放映幻灯片"栏中，用户可以指定放映全部幻灯片，或者指定从第几张幻灯片开始放映到第几张结束，还可以在"自定义放映"下拉列表中选择自定义的放映方案。

4. 手机遥控

放映演示文稿时，在联网状态下，可以用手机遥控计算机端的幻灯片放映。

单击"放映"选项卡中的"手机遥控"按钮，生成遥控二维码，用手机中的 WPS Office 移动端，点"扫一扫"，扫描计算机上的二维码，即可在手机上遥控幻灯片的放映。

5.4.3 演示文稿的打包

演示文稿的打包

把制作好的演示文稿复制到另一台计算机或另一个存储器时，需要把演示文稿中用到的视频、音频、文件以及链接等一并复制过去，否则复制过去的演示文稿中的视频、音频无法播放，链接无法打开。

文件打包功能可以把演示文稿及文稿中用到的视频、音频、文件以及链接等一起保存到一个文件夹中，直接复制该文件夹即可。也可以把演示文稿打包成压缩包。

在"文件"菜单中选择"文件打包"命令，在弹出的二级菜单中选择"将演示文稿打包成文件夹"或"将演示文稿打包成压缩文件"，弹出如图 5-64 所示的"演示文件打包"对话框，输入文件夹名称并选择保存位置，根据需要确定是否勾选"同时打包成一个压缩文件"复选框，单击"确定"按钮即可。

图 5-64 "演示文件打包"对话框

第6章

Python 程序设计

程序是指事情进行的步骤、次序，如新员工入职需要办理入职手续，办理手续的过程中需遵循的某个流程就是程序。用计算机解决某个问题需要执行一系列指令，这些指令的集合就是计算机程序。人类的语言有很多种，程序设计语言的种类也很多，本章对目前排名靠前的 Python 语言进行讲解。

6.1 Python 语言概述

1989 年，Python 之父 Guido Van Rossum（国内社区将其称为龟叔）在阿姆斯特丹为了打发圣诞节的闲暇时间，开发了一门编程语言 Python。Python 语言简单、容易学习、开发速度快，其应用非常广泛，主要应用于游戏开发、网络爬虫、Web 框架、科学计算、数据可视化、数据分析、机器学习等。

Python 自发布以来，主要经历了三个版本，即 Python 1.0、Python 2.0 和 Python 3.0（2022 年 1 月已经更新到 Python 3.10.1），由于 3.0 版本和 2.0 版本差异很大，并且向下不兼容，新手入门就直接从 Python 3.x 版本开始。

6.1.1 搭建 Python 编程环境

Python 是跨平台的开发工具，可以在多个操作系统上进行编程，写好的程序也可以在不同系统上运行。要使用 Python 编写程序，需要先安装 Python 解释器，这样才能运行编写好的代码。下面以 Windows 操作系统为例介绍安装 Python 的方法。

1. 查看操作系统的位数

右击桌面上的"计算机"图标，在弹出的快捷菜单中选择"属性"命令，如图 6-1 所示。在"系统"窗口中"系统类型"标签处标示本机是 32 位还是 64 位操作系统，由图 6-2 可知本机为 64 位操作系统。

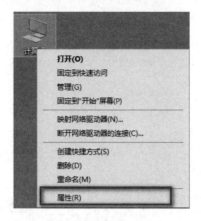

图 6-1　查看计算机的属性

图 6-2　计算机操作系统的位数

2. 下载 Python 安装包

打开 Python 官方网站，将鼠标移动到"Downloads"菜单上，如图 6-3 所示，选择"Windows"菜单项，出现详细的下载列表，如图 6-4 所示。建议选择"Windows installer(64-bit)"下载可执行文件(*.exe)进行安装。

图 6-3　Python 官网的 Downloads

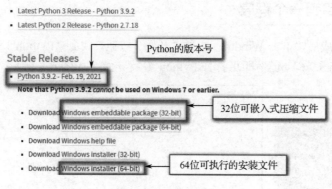

图 6-4　Python 下载

3. 安装 Python 解释器

双击下载后得到的 Python-3.9.2-amd64.exe 文件，初学者在 Python 安装向导界面勾选"Add Python 3.9 to PATH"复选框，如图 6-5 所示，单击"Install Now"，安装完成后如图 6-6 所示。

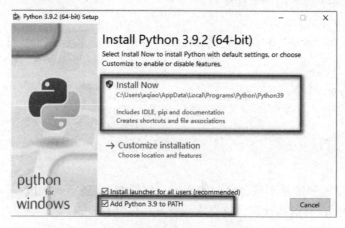

图 6-5　Python 安装向导界面

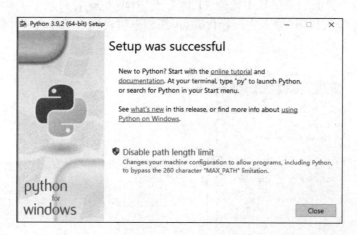

图 6-6　Python 安装完成

6.1.2 动手编写第一个程序

Python 安装完成后，单击 Windows 中的"开始"按钮，找到"Python 3.9"，如图 6-7 所示，单击"IDLE(Python 3.9 64-bit)"即可打开 Python 编程界面，如图 6-8 所示。

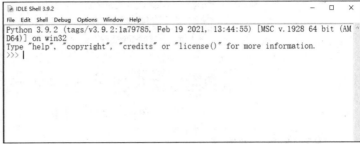

图 6-7　启动 Python

图 6-8　Python 编程界面

现在可以开始动手编写第一个程序。

1. 交互式

在 Python 提示符">>>"右侧输入代码，写完一条语句后按回车键执行。

例如：

```
>>> print("hello world")
hello world
>>> 23+45
68
```

2. 文件式

在实际应用中，程序通常不只包含一条语句，往往由很多条语句构成，需要编写多行代码。可以创建一个文件来保存这些代码，这个文件就是程序文件。

（1）程序的编写。

在 IDLE 编程主界面的菜单栏中选择"File"→"New File"，打开一个新界面"untitled"，在光标闪烁的地方输入代码，输入完一行代码后，按回车键转到下一行可继续输入下一行代码，如图 6-9 所示。

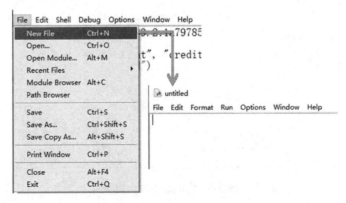

图 6-9　"untitled"窗口的启动

【**例 6-1**】　在光标闪烁的地方输入"print("hello world")"，按回车键后输入"print("hello python")"，编写完的程序效果如图 6-10 所示。

（2）程序的运行。

在菜单栏中选择"Run"→"Run Module"或按 F5 键，弹出如图 6-11 所示的窗口，提示在程序运行前先保存文件，单击"确定"按钮，弹出"另存为"窗口，在窗口下方输入文件名，Python 程序文件的扩展名为".py"，这里保存为"test.py"。

程序运行结果如图 6-12 所示。

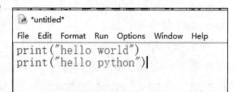

图 6-10　程序效果

图 6-11　提示窗口

图 6-12　程序运行结果

6.2　Python 程序入门基础

我们都知道封面、目录、摘要、正文、参考文献是构成一篇本科毕业论文的元素，程序也有它的内在语法规则与构成元素。

【**例 6-2**】　编写一个程序来计算圆的面积，圆的半径需大于 0，代码如下：

```python
#计算圆的面积，r 为圆的半径，s 为圆的面积
import math
r = eval(input("请输入圆的半径："))
if r<=0:
    print("数据无效，圆的半径需大于 0")
else:
    s = math.pi*r**2
    print("圆的面积为：{:.2f}".format(s))
```

```
=========
请输入圆的半径：-3
圆的半径需大于0
>>>
=========================
请输入圆的半径：8
圆的面积为：201.06
>>>
```

图 6-13　程序运行结果

程序运行结果如图 6-13 所示。

代码中以#开头的行是程序注释，说明本程序的功能和变量的含义；#注释可以单独成一行，对该行下面的内容进行注释，也可以放在一段代码的后面进行注释。

代码中没有对齐的空白部分叫缩进。Python 中的代码结构是靠缩进来维持的，在 if…elif…else、for 等语句中常常见到，不能随意删除。

第 1 行 import math 语句的意思是导入 math 模块，math 模块是安装完 Python 后自带的内置模块，主要包含与数学运算相关的函数等。由于在计算圆面积的过程中要使用圆周率 π，而圆周率 π 由 math 库中的 pi()函数提供，因此在实际项目中，常常会使

用第三方已开发的模块，避免重复"造轮子"。使用前要先安装，使用过程中需在程序的开头用 import 命令导入后，才可在程序中使用这个模块中的相关函数。

"r = eval(input("请输入圆的半径："))"这条语句的意思是通过标准输入函数 input()接收程序使用者从键盘上输入的数据，并通过 eval()函数转换成数值类型后赋值给变量 r，在后面的计算中用 r 代替从键盘输入的数据进行计算或者其他操作，这个 r 叫变量，等号"="是赋值，即将等号右边的数据赋值给左边变量。

if-else 是典型的分支语句，意思是如果半径 r 小于等于 0，打印输出提示信息"数据无效"，否则（即半径大于 0）计算出圆的面积并打印输出。

从以上程序中可以看出，程序中有#注释、缩进、Import 关键字、Math 模块、变量 r 和 s，以及赋值语句、标准输入 Input 语句、标准输出 Print 语句、if-else 程序控制流程语句等元素，除此之外，程序中还会包含函数、类等元素。

6.2.1 关键字与标识符

关键字是 Python 语言本身定义好的有特殊含义的代码元素，如表 6-1 所示，Python 中有些关键字不能作为标识符。

表 6-1 关键字

and	as	assert	break	class	continue	def	del	else
elif	except	for	finally	from	False	global	if	in
is	import	lambda	not	nonlocal	None	or	pass	raise
return	try	True	while	with	yield			

由于 Python 开发版本不同，关键字可能不同，可以用下列命令来查阅。

```
>>> import keyword
>>> print(keyword.kwlist)
```

在计算圆面积的程序中，用到了 import、if、else，后续学习中会用到更多，需要注意的是，False、True、None 这三个关键字首字母需要大写。

标识符就是变量、函数、类、模块等需要由程序员自己来命名的名称，标识符的命名应遵循以下几条命名规则：

① 必须以字母或下画线开头，由字母、数字或汉字组成；

② 区分大小写；

③ 不能使用 33 个关键字；

④ 选取的名称应该能够清楚地说明该变量、函数、类、模块等所包含的意义，增加代码的可读性。

6.2.2 变量

在 Excel 公式运算中，通常用单元格地址如 A2 代替单元格内的数据参与运算，如公式"=A2+B2"，在编程过程中也采用类似的方法，就是用变量来代替实际数据参与程序中的各种运算，如在计算圆面积的程序中，用变量 r 表示半径，s 表示面积，s = math.pi*r**2，在计算面积的公式中，无论 r 的值如何改变，这行代码都不用做任何修改。

1. 创建变量

Python 中首次给变量赋值就创建了变量，该变量的数据类型就是赋值数据所属的类型。

【例 6-3】

```
>>> x = 20                          #创建变量 x，整数类型
>>> name = "xiangqiaolian"          #创建变量 y，字符串类型
>>> x                               #输出变量 x 的值
20
>>> name                            #输出变量 name 的值
'xiangqiaolian'
```

2. 变量如何"变"

变量创建好后，再次对变量赋值就是对变量进行修改，也就是变量的"变"。

【例 6-4】

```
>>> x = 20          #首次对变量 x 赋值，创建变量 x，初值为 20
>>> x = x+5         #再次对 x 赋值，将右边表达式 x+5 的结果 25 重新赋值给 x
>>> x               #输出 x 的最新值为 25
25
>>> x = "abc"       #再次对 x 进行赋值，将字符串"abc"赋值给 x
>>> x               #输出变量 x 的最新值为"abc"
'abc'
```

3. 变量"出错"

变量必须先创建后使用，否则系统会报错。

【例 6-5】

```
>>> x = 20          #创建变量 x，赋值为 20
>>> x = x+y         #将右边表达式 x+y 的结果赋值给 x，系统报错，因为 y 没有创建
Traceback (most recent call last):
    File "<pyshell#1>", line 1, in <module>
      x = x+y
NameError: name 'y' is not defined
```

6.2.3 标准输入、输出

程序用来解决某个问题时需要用到数据的输入与输出。数据输入、输出的方式很多，从键盘上输入数据的方式称为标准输入，数据在屏幕上显示的输出方式称为标准输出。

Python 提供内置函数 input()函数和 print()函数来实现程序的标准输入与输出。

1. 实现标准输入的 input()函数

格式：input([提示信息])

说明：暂停程序的运行，等待用户从键盘上输入数据；用户从键盘上输入数据后，返回字符串；括号内可以加提示信息，也可以不加。

【例 6-6】

```
>>> x = input("请输入一个数: ")          #等待从键盘上输入一个数，把这个数赋值给变量 x
请输入一个数: 3                        #在光标闪烁的地方输入数字 3
>>> x                                 #x 的值为"3"
'3'
>>> type(x)                           #查看 x 的数据类型为 str，即字符串型
<class  'str'>
>>> y = input()                       #等待从键盘上输入数据，没有提示信息时只有光标闪烁
aa                                    #在光标闪烁的地方输入 aa
>>> y
'aa'
>>> type(y)
<class  'str'>
```

注意： input()函数接收键盘输入的数据后，返回的一律是字符串型数据，如果在程序中需要该数据参与数值运算，如加、减、乘、除等，则要将该字符串型数据转换成数值型数据。

2. 实现标准输出的 print()函数

格式：print(输出项 1，输出项 2，输出项 3……[,sep = ','][,end = '\n'])

说明：标准输出函数，"[]"括起来的是可选项。

① 如果有多项输出，那么输出项 1 和输出项 2 之间用逗号分隔；

② 多项输出的结果在屏幕上显示时默认用空格隔开，可以通过 sep= '分隔符'方式指定多个输出项在屏幕上显示时用指定分隔符隔开；

③ 默认情况下执行完一条 print 语句后，下一条 print 语句的输出结果会换行显示，如果不换行显示，则通过 end= '分隔符'指定同行显示时的分隔符。

【例 6-7】

```
name = 'zhangsan '
age = 20
sex =   'female'
print(name)
print(name,age,sex)
print(name,age,sex,sep = ',')
print(name,end = '' )
print(age,end = ' ')
print(sex)
```

程序运行结果如图 6-14 所示。

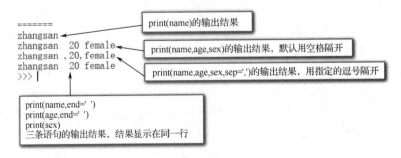

图 6-14　程序运行结果及对 print()函数的说明

6.2.4 Python 代码编写规范

1．缩进

Python 程序依靠代码块的缩进来体现代码之间的逻辑关系，同一级别的代码缩进量必须相同。

【例 6-8】 求三个数中最大的数，代码如下，代码编辑状态如图 6-15 所示。

```
#三个数中的最大数
x,y,z = 6,8,2                  #将 6、8、2 分别赋值给 x、y、z
if x>y:
    if x>z:
        print(x,"最大")
    else:
        print(z,"最大")
else:
    if z<y:
        print(y,"最大")
    else:
        print(z,"最大")
```

级别①是程序的主流，顶头写且前面不能有任何空格；级别②是在满足 x>y 的情况下进一步判断 x 与 z 的大小关系，比最左侧缩进了 4 个空格；级别③是在 x>z 的情况下需要执行的语句，级别③比级别②缩进了 4 个空格，比级别①缩进了 8 个空格，需要注意的是，冒号不能省略。

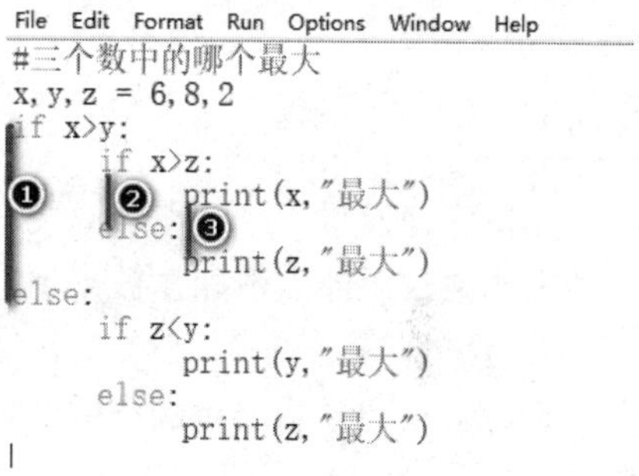

IDLE 中，在正常代码书写的过程中，输入"if x>y: "中的冒号后系统会自动缩进；如果编写过程中没有设置好缩进量，则在进行编辑时，要先选中需要缩进的代码，再按"Ctrl+]"组合键缩进，或按"Ctrl+["组合键反向缩进。

图 6-15 代码编辑状态

2．注释

为了加强代码的可读性，提高代码的可维护性，在代码编写过程中常常会用到注释。Python 中的注释有以下两种。

（1）单行注释。

以#开头的内容为注释，它既可以放在代码行后面，也可以单独成一行。

（2）多行注释。

包含在一对三单引号或三引号之间且不属于任何语句的内容将被解释器认为是注释。

```
"""
注释第 1 行
注释第 2 行
注释第 3 行
"""
```

3. 续行

如果一行代码太长，则在行尾加上"\"来续行，表示下面一行接续上一行成为一条完整语句，也可以使用括号来包含多行内容。

【例 6-9】

```
>>> print("人生苦短\          #用"\"续行
我用 Python")
人生苦短我用 Python
>>> print(1+2                #用小括号续行
    +3+4+5+6+7)
28
```

6.3 Python 数据类型

现实世界中描述一个人的时候可以用这些词：姓名、年龄、性别、身高、体重、身份证号等，姓名、性别、身份证号是文本信息，仅用来描述其特征；年龄、身高、体重是数值信息，可进行加减运算。编程中不同的场景需要用不同的数据类型来表达不同的信息。Python 中有以下几种内置数据类型：整数、浮点数、复数、字符串、列表、元组、字典和集合。每种数据类型都有其特点，下面逐一进行介绍。

6.3.1 数字类型

在程序开发过程中，需要记录一件商品的销售量、单价、销售额等信息，Python 中用数字类型，如整数、浮点数和复数来保存这些信息。

1. 整数

整数就是数学意义上的整数。整数有正整数、0 和负整数，Python 中可以表示任意大小的整数。

2. 浮点数

浮点数表示一个实数，由整数部分和小数部分组成，如 1.7、3.14、0.0002 等。浮点数也可以用科学记数法表示，如 3.14e5，就是 $3.14*10^5$。

由于精度问题，使用浮点数时尽量避免直接进行相等性测试。

【例 6-10】

```
>>> 0.1 + 0.2 == 0.3          #判断 0.1+ 0.2 是否等于 0.3
False                         #False 表示不等
>>> 0.1+0.2                   #计算 0.1+0.2 的值
0.30000000000000004
```

3. 复数

Python 支持的复数在形式上与数学中的复数完全一致。

```
>>> x = 1+2j                  #定义一个复数
>>> y = 3+4j
>>> x+y                       #两个复数相加
```

(4+6j)

4. 常用运算

```
>>> 2+2.3                    #加法
4.3
>>> 10/3                     #除法
3.3333333333333335
>>> 10//3                    #整商（商的整数部分）
3
>>> 10%3                     #余数
1
>>> 2**3                     #幂运算
8
```

【例 6-11】 由用户任意输入两个数，计算这两个数的和并打印输出。

操作步骤如下：

① 选择菜单栏中的"file→new file"；

② 输入以下代码：

```
num1 = eval(input("输入第 1 个数："))
num2 = eval(input("输入第 2 个数："))
s = num1 + num2
print("两个数的和为：",s)
```

③ 选择菜单栏中的"run→run module"（或按 F5 键）保存并执行程序。

结果如下：

输入第 1 个数：12

输入第 2 个数：23.23

两个数的和为：35.230000000000004

6.3.2 字符串

在程序开发过程中，要记录学生的姓名、性别、家庭住址等文本信息，Python 中用字符串来表示这些文本信息。

1. 字符串的定义

Python 中的字符串是用定界符单引号、双引号、三单引号或三双引号来定义的，如'hello'和"我爱中国"。字符串中的单引号如果作为一个字符单引号出现，则定义这个字符串时，定界符需要换成双引号，反之亦然，如"I'm a teacher"。

2. 字符串的拼接与重复

```
>>> s1 = "hello"
>>> s2 = "Python"
>>> s1+s2                    #字符串的拼接
'helloPython'
>>> s1*2                     #字符串的重复
'hellohello'
```

```
>>> 'o' in s1                    #测试字符"o"是否在字符串 s1 中
True
```

3. 字符串的索引与切片

字符串中每个字符有两个"编号"，一个是正向递增的"号"，首字符的"号"为 0；另一个是反向递减的"号"，最后一个字符的"号"为-1，如表 6-2 所示。用字符串[号]的方法可以访问这个"号"所对应的字符，称为索引操作；用字符串[start:end:step]的方法可以访问多个字符，称为字符串的切片操作，其中，start 表示起始编号，end 表示终点后一个字符的编号，step 表示步长。

（1）索引。

```
>>> s = "hello"
>>> s[0]
'h'
>>> s[-2]
'l'
```

表 6-2　字符串中字符的编号

反向递减 ←				
−5	−4	−3	−2	−1
h	e	l	l	o
0	1	2	3	4
正向递增 →				

（2）切片。

```
>>> s = "hello"
>>> s[2:5]
'llo'
>>> s[-1:-4:-1]
'oll'
```

4. 字符串的分隔与连接

字符串的分割方法：s.split(["分隔符"])，s 表示待分割的字符串。

字符串的连接方法："连接符".join(ls)，ls 为待连接的字符串列表。

【例 6-12】

```
>>> string1 = "apple,banana,tomato,pineapple,watermelon"
>>> string1.split(",")           #将字符串以逗号为界进行拆分，得到一个列表
['apple', 'banana', 'tomato', 'pineapple', 'watermelon']
>>> lst1=['a','b','c','d']
>>> ','.join(lst1)               #列表的元素是字符串，用","连接成一个新的字符串
'a,b,c,d'
```

5. 字符串的查找与替换

字符串的查找方法：s.find("s1")，查找字符串 s1 在字符串 s 中首次出现的位置，如果不存在，返回-1。

字符串的替换方法：s.replace("旧字符串","新字符串")，将 s 中的旧字符串全部替换成新字符串，返回另一个字符串，原字符串 s 并没有发生变化。

【例 6-13】

```
>>> s4 = "this is a table"
>>> s4.find("i")                    #从字符串左边开始查找字符"i"在 s4 中首次出现的位置
2
>>> s4.find("d")                    #若在字符串中查不到字母"d"，返回-1
-1
>>> s4.replace("is","haha")         #用新字符串"haha"替换 s4 中的旧字符串"is"
'thhaha haha a table'
>>> s5 = "abcabcabcabc"
>>> s5.replace("abc","efg")         #将字符串 s5 中的所有"abc"全部替换成"efg"
'efgefgefgefg'                      #结果得到另一个字符串
```

有关字符串的操作 Python 中提供了很多内置的函数和方法，这里不逐一进行讲解，有需要的同学可以查阅相关资料。

【例 6-14】　输入一串字符，判断其是不是回文。

代码如下：

```
s = input("请输入一串字符：")
s1 = s[::-1]
if s == s1:
        print("是回文")
else:
        print("不是回文")
```

程序运行结果如图 6-16 所示。

6. 字符串的<模板字符串>.format()方法

<模板字符串>.format()方法作为文本处理工具，提供强大且丰富的字符串格式化功能。<模板字符串>中包含普通字符串和模板字符串，普通字符串原样不变，format()函数中的参数按照模板字符串中指定的顺序、指定的格式进行格式化。

```
========================= RESTART: D:/
请输入一串字符：信言不美，美言不信
不是回文
>>>
========================= RESTART: D:/
请输入一串字符：斗鸡山上山鸡斗
是回文
>>>
```

图 6-16　程序运行结果

【例 6-15】

```
>>> name1 = "zhangsan"
>>> name2 = "lisi"
>>> "一个人叫{},另一个叫{}".format(name1,name2)        #{}是给 name1、name2 占位
'一个人叫 zhangsan,另一个叫 lisi'
>>> "一个人叫{1},另一个叫{0}".format(name1,name2)
'一个人叫 lisi,另一个叫 zhangsan'
说明：{}里的数字是 format 括号里面参数的序号，第一个参数的序号为 0。
>>> x = 100.230
>>> 'x={}'.format(x)         #发现小数点后面最后的 0 没了
'x=100.23'
>>> 'x={:.3f}'.format(x)     #{:.3f}表示把 x 按照小数点后面保留三位的格式进行格式化
```

```
'x=100.230'
>>> s = "hello"
>>> '{:>10}'.format(s)          #把 s 格式化为 10 个字符的宽度，右对齐
'     hello'
>>> '{:*^10}'.format(s)         #把 s 格式化为 10 个字符的宽度，居中对齐，不够的用*填充
'**hello***'
```

6.3.3　列表与元组

列表是一个存储容器，当需要增加元素时可以自动增长，删除元素时可以自动收缩。列表是可变序列，是 Python 中使用频率最高、最通用的数据类型。列表中可以包含任意数据类型的数据，同样可以进行索引、切片、拼接和重复等操作。

【例 6-16】

```
>>> lst1 = [1,2,3,4,5,6,7]       #创建列表 lst1
>>> lst1[0]                      #索引
1
>>> lst1[-1]                     #索引
7
>>> lst1[:]                      #切片
[1, 2, 3, 4, 5, 6, 7]
>>> lst1[::-1]
[7, 6, 5, 4, 3, 2, 1]
>>> lst2 = ['a','b','c']
>>> lst1+lst2                    #列表的拼接
[1, 2, 3, 4, 5, 6, 7, 'a', 'b', 'c']
>>> lst2*3                       #列表的重复
['a', 'b', 'c', 'a', 'b', 'c', 'a', 'b', 'c']
>>> 'a' in lst2                  #判断列表 lst2 中是否存在 "a"
True
```

1. 列表的创建

```
>>> lst1 = [1,2,3,4,5]                            #直接=赋值可以创建一个列表
>>> lst2 = [1,2,'a',[1,2,3],(1,2,3),{'name':'zhangsan'}]
#列表中可以包含不同类型的数据
>>> lst3 = list("hello")                          #用 list()函数可以将其他对象转换成列表
>>> lst3
['h', 'e', 'l', 'l', 'o']
>>> lst4 = list(range(10))                        #创建纯数字列表
>>> lst4
[0, 1, 2, 3, 4, 5, 6, 7, 8, 9]
```

2. 列表元素的增加

```
>>> lst1 = [1,2,3,4,5]
>>> lst1.append(6)                                #在列表的尾部添加新元素
>>> lst1
[1, 2, 3, 4, 5, 6]
```

```
>>> lst1.append([1,2,3])            #在列表的最后添加新元素，新元素为列表
>>> lst1
[1, 2, 3, 4, 5, 6, [1, 2, 3]]
>>> lst1.insert(2,10)               #在列表中指定位置 2 处添加新元素 10
>>> lst1
[1, 2, 10, 3, 4, 5, 6, [1, 2, 3]]
>>> lst3 = list("hello")
>>> lst3
['h', 'e', 'l', 'l', 'o']
>>> lst1.extend(lst3)               #将列表 lst3 的所有元素添加到 lst1 的尾部
>>> lst1
[1, 2, 10, 3, 4, 5, 6, [1, 2, 3], 'h', 'e', 'l', 'l', 'o']
```

3. 列表元素的修改

```
>>> lst1 = [1,3,5,7,9]
>>> lst1[1] = 4                     #修改列表 lst1 的第 1 个元素
>>> lst1
[1, 4, 5, 7, 9]
>>> lst1[2:] = [6,8,10]
#修改列表 lst1 的第 2、3、4 个元素，采用切片方式时注意元素个数必须相等
>>> lst1
[1, 4, 6, 8, 10]
```

4. 列表元素的删除

```
>>> lst2 = list("hello python")
>>> lst2.pop()                      #删除列表 lst2 尾部的字符 "n"
'n'
>>> s = lst2.pop()                  #删除列表 lst2 尾部元素，并把删除的元素赋值给一个变量 s
>>> s
'o'
>>> lst2
['h', 'e', 'l', 'l', 'o', ' ', 'p', 'y', 't', 'h']
>>> lst2.pop(3)                     #删除列表 lst2 指定位置 3 上的字符 "l"（L 的小写）
'l'
>>> lst2
['h', 'e', 'l', 'o', ' ', 'p', 'y', 't', 'h']
>>> lst2.remove('h')
#删除列表 lst2 中的元素 "h"，lst2 中有两个 "h"，只删除第 1 个
>>> lst2
['e', 'l', 'o', ' ', 'p', 'y', 't', 'h']
>>> lst2.clear()                    #清空列表 lst2 中的全部元素
>>> lst2
[]
>>> del lst2                        #删除列表 lst2
```

5. 列表的排序

Python 提供 sort()和 reverse()方法，以及内置函数 sorted()对列表进行排序。

（1）sort()方法。

```
>>> lst1 = [1,3,9,7,8,5,0,4,2,6]
>>> lst1.sort()                    #对列表 lst1 升序排序，数值类型元素直接比较数值大小
>>> lst1                           #排序后列表 lst1 发生改变，sort()方法是原地排序
[0, 1, 2, 3, 4, 5, 6, 7, 8, 9]
>>> lst2 = [1,3,9,7,8,5,0,4,2,6]
>>> lst2.sort(reverse = True)      #对列表 lst2 降序排序
>>> lst2
[9, 8, 7, 6, 5, 4, 3, 2, 1, 0]
#reverse=True 表示降序排序，reverse 的默认值为 False，表示升序排序
>>> lst3 = ['a','ab','bcd','s','asdfg']
>>> lst3.sort(key=len,reverse = True)    #对列表 lst3 按照字符串的长度降序排序
>>> lst3
['asdfg', 'bcd', 'ab', 'a', 's']
#参数 key 可以指定排序规则，即依据什么排序，不使用 key 时，按照元素本身的数据特点进行排序，数
#字类按照数值大小，英文字母类按照 ASCII 码大小等。sort()方法排序是对列表原地排序，即列表元素的位置
#发生了变化
```

（2）reverse()方法。

```
>>> import random
>>> lst4 = [random.randint(10,90) for i in range(10)]
#随机生成 10 个元素的整数列表，整数取值范围为[10，90]
>>> lst4
[55, 73, 37, 38, 28, 85, 41, 39, 70, 52]
>>> lst4.reverse()    #将列表 lst4 倒序输出
>>> lst4
[52, 70, 39, 41, 85, 28, 38, 37, 73, 55]
#reverse()方法不比较元素的大小，直接将列表中的元素逆序排序，即"倒个儿"。reverse()方法也是原地
#排序，即修改了列表元素的位置顺序
```

（3）内置函数 sorted()。

```
>>> lst4 = [52, 70, 39, 41, 85, 28, 38, 37, 73, 55]
>>> lst5 = sorted(lst4)   #对列表 lst4 排序，默认按升序排序，排序结果赋值给变量 lst5
>>> lst5
[28, 37, 38, 39, 41, 52, 55, 70, 73, 85]
>>> lst4                           #对列表 lst4 没有做任何修改
[52, 70, 39, 41, 85, 28, 38, 37, 73, 55]
```

6. 列表元素的遍历

在编写程序的过程中，需要对列表的元素逐个进行处理，此时就会用到列表元素的遍历，列表元素的遍历采用 for 循环结构。

【例 6-17】 将列表中的每个元素加 2，代码如下：

```
lst = list(range(10))
print("原列表：",lst)
lst1 = []
for i in lst:
```

```
            i = i+2
            lst1.append(i)
print("加 2 以后的列表：",lst1)
```

程序运行结果：

原列表：[0, 1, 2, 3, 4, 5, 6, 7, 8, 9]

加 2 以后的列表：[2, 3, 4, 5, 6, 7, 8, 9, 10, 11]

7. 元组的创建

元组可以理解成加了"写保护"的列表，使用()来存放一组数据，元素之间用逗号分隔。除了不能对元组元素进行增加、修改、删除等改变元组元素的操作，其他操作与列表相同。

元组的创建。

```
>>> tup1 = (1,2,3,(1,2,3),"a","bb")
#使用直接赋值的方法创建元组，元组元素的数据类型可以不同
>>> tup1
(1, 2, 3, (1, 2, 3), 'a', 'bb')
>>> tup2 = tuple("asedfrgt")
#利用 tuple()函数可以将字符串、列表等可迭代对象转换成元组
>>> tup2
('a', 's', 'e', 'd', 'f', 'r', 'g', 't')
>>> tup4 = ()        #创建一个空元组
>>> tup4
()
>>> t1 =(1,)         #创建一个元素的元组，括号内的逗号不能省略
>>> type(t1)
<class 'tuple'>
>>> t2 = (2)         #如果省略括号内的逗号，则 t2 是一个整数
>>> type(t2)
<class 'int'>
>>> t3 = 3,4,5       #创建元组时括号可以省略
>>> type(t3)
<class 'tuple'>
```

元组的索引和切片的操作同列表，这里不再赘述，元组是不可变的序列类型，能保护数据不被修改，使数据更加安全。

6.3.4 字典

字典是一种无序可变的数据类型。字典使用{键:值}的方式存放数据，多个键值对之间用逗号分隔，字典中的键只能是不可变数据类型，如整数、字符串、元组，并且字典的键具有唯一性，即不允许同一个键出现两次，如果出现两次，则最后一个值会被记住。字典中的值可以是任意数据类型。

1. 字典的创建

```
>>> dict1 = {"name":"zhangsan","age":20,"tel":"135xxxx9999"}
#采用直接赋值的方式创建字典，字典元素为键值对（有的称条目），键值对之间用逗号分隔
>>> dict1
```

```
{'name': 'zhangsan', 'age': 20, 'tel': '135xxxxxx99'}
>>> dict2 = dict(name="lisi",age=21,tel = "139xxxxxx88")
#给定"键=值"，通过 dict()函数转换成字典
>>> dict2
{'name': 'lisi', 'age': 21, 'tel': '139xxxxxx88'}
```

2. 字典的访问

字典是一种无序的数据类型，不能用下标的方法来索引。与在通信录中通过姓名来找联系电话类似，字典中通过"字典[键]"来获取该键对应的值。

```
>>> dict1 = {"name":"zhangsan","age":20,"tel":"135xxxxxx99"}
>>> dict1["name"]
'zhangsan'
>>> dict2["age"]
21
>>> dict4 = {1: 'a', 2: 'b', 3: 'c', 4: 'd', 5: 'e'}   #创建字典
>>> dict4.get(4)            #获取字典中键 4 所对应的值，结果为"d"
'd'
>>> dict4.get(9,-1)              #获取字典中键 9 所对应的值，若键 9 不存在，返回-1
-1
```

3. 字典的基本操作

字典的基本操作主要是在字典中增加、修改和删除键值对。

（1）字典条目的增加。

```
>>> dict4 = {1: 'a', 2: 'b', 3: 'c', 4: 'd', 5: 'e'}
>>> dict4[6] = "f"     #将等号赋值给字典增加的元素，其中键是原字典中不存在的，如果存在则修改其对
                        应的值
>>> dict4
{1: 'a', 2: 'b', 3: 'c', 4: 'd', 5: 'e', 6: 'f'}
>>> dict4.setdefault(7,"g")      #使用"字典.setdefault(键,值)"的方法给字典增加新元素
'g'
>>> dict4
{1: 'a', 2: 'b', 3: 'c', 4: 'd', 5: 'e', 6: 'f', 7: 'g'}
```

（2）字典条目的修改。

Python 中使用"字典[键]=新值"的方法来修改字典中某个键对应的值，也可以使用 update 方法，用一个字典中所包含的键值对去更新已有的字典，执行 update 方法时，如果被更新的字典中已包含对应的键值对，则原来键所对应的值会被覆盖；如果被更新的字典中不包含对应的键值对，则该键值对会被添加到字典中。

```
>>> dict4 = {1: 'a', 2: 'b', 3: 'c', 4: 'd', 5: 'e', 6: 'f', 7: 'g'}      #创建字典
>>> dict4
{1: 'a', 2: 'b', 3: 'c', 4: 'd', 5: 'e', 6: 'f', 7: 'g'}
>>> dict4[2] = 'bbbb'                          #修改字典中键 2 所对应的值为"bbbb"
>>> dict4
{1: 'a', 2: 'bbbb', 3: 'c', 4: 'd', 5: 'e', 6: 'f', 7: 'g'}
>>> books = {"01":"c","02":"java"}          #创建一个字典
>>> books.update({"02":"c++","03":"matlab"})
```

```
>>> books
{'01': 'c', '02': 'c++', '03': 'matlab'}
```

用一个字典{"02":"c++","03":"matlab"}去更新字典 books 中的键值对，如果存在键 "02" 则修改其对应的值，不存在的键值对"03":"matlab"作为新元素追加到字典中。

（3）字典条目的删除。

```
>>> books = {'01': 'c', '02': 'c++', '03': 'matlab'}
>>> del books["01"]                    #删除键值对 "'01': 'c'"
>>> books
{'02': 'c++', '03': 'matlab'}
>>> books.clear()                      #清空字典 books 中的所有键值对
>>> books
{}
>>> books = {'01': 'c', '02': 'c++', '03': 'matlab'}
>>> books.pop("03")    #pop（键）获取该键所对应的值，并在原字典中删除该键值对
'matlab'
>>> books
{'01': 'c', '02': 'c++'}
```

（4）字典的遍历。

通过 keys()、values()、items()函数可分别获取字典中的所有键、所有值、所有键值对，并分别返回 dict_keys、dict_values、dict_items 对象，可通过 list()函数将其转换成列表。

```
>>> books = {'01': 'c', '02': 'c++', '03': 'matlab'}
>>> books.keys()
dict_keys(['01', '02', '03'])
>>> list(books.keys())
['01', '02', '03']
>>> books.values()
dict_values(['c', 'c++', 'matlab'])
>>> list(books.values())
['c', 'c++', 'matlab']
>>> books.items()
dict_items([('01', 'c'), ('02', 'c++'), ('03', 'matlab')])
>>> list(books.items())
[('01', 'c'), ('02', 'c++'), ('03', 'matlab')]
#利用 for 循环结构遍历字典中的所有键、所有值、所有键值对
>>> books = {'01': 'c', '02': 'c++', '03': 'matlab'}
>>> for i in books.keys():          #遍历字典中的所有键
        print(i,end = ' ')
01 02 03
>>> for i in books.values():        #遍历字典中的所有值
        print(i,end = " ")
c c++ matlab
>>> for i in books.items():         #遍历字典中的所有键值对
        print(i)
('01', 'c')
('02', 'c++')
```

```
('03', 'matlab')
>>> for i ,j in books.items():
        print(i,j,end = " ")
01 c 02 c++ 03 matlab
```

6.4 程序的流程控制结构

程序的流程有顺序结构、分支结构和循环结构 3 种。

6.4.1 顺序结构

顺序结构是指按照代码的排列顺序自上而下地执行。

如绘制正三角形，逐条代码如下：

```
import turtle
turtle.fd(150)
turtle.left(120)
turtle.fd(150)
turtle.left(120)
turtle.fd(150)
turtle.left(120)
```

按照代码行的顺序一行一行地执行，即可绘制一个正三角形。

6.4.2 分支结构

在程序编写的过程中，在满足条件 A 的情况下执行 A 方案，在满足条件 B 的情况下执行 B 方案，这时就要用到分支结构的分支语句。

分支语句的基本句型有以下 3 种。

（1）单分支语句。

单分支语句的语法格式：

```
if   条件表达式:
        语句块
```

当条件表达式的计算结果为 True 或者等同于 True 时，就执行语句块。

（2）二分支语句。

二分支语句的语法格式：

```
if   条件表达式:
    语句块 1
else:
    语句块 2
```

当条件满足时，也就是条件表达式的计算结果为 True，或者等同于 True 时，就执行语句块 1，否则（也就是条件不满足）就执行语句块 2。

（3）多分支语句。

多分支语句的语法格式：

```
if 条件表达式 1:
    语句块 1
elif 条件表达式 2:
    语句块 2
elif 条件表达式 3:
    语句块 3
    ……
else:
语句块
```

当条件表达式 1 的计算结果为 True，或者等同于 True 时，执行语句块 1，否则（也就是条件 1 不满足）计算条件表达式 2，如果条件表达式 2 的计算结果为 True，或者等同于 True，就执行语句块 2，依次类推，如果所有条件都不满足，则执行 else 后面的语句块。从以上的语法格式来看，分支语句离不开条件表达式的计算，那么条件表达式怎么写呢？

条件表达式是运用各种运算符来构建的，常用的运算符如表 6-3 所示，运算结果为 True 或 False。

表 6-3 条件表达式中常用的运算符

运算符	含义	举例

>, <
>=, <=
==
!==
	大于，小于
	大于等于，小于等于
	等于
	不等于
		>>> 3>5 #数值比较本身的大小
		False
		>>> "a" >"b" #字符串比较的是其编码
		False
		>>> {1,2}>{1,2,3} #集合比较是判断是否为子集
		False
		>>> [1,2] >[1] #逐个元素比较，有结果就停止
		True

in
not in
	在……里
	不在……里
		>>> 3 in [1,2,3]
		True
		>>> "a" in "bdenga"
		True

is
is not
	是
	不是
		>>> x = 3
		>>> y = x
		>>> x is y
		True

单个条件的表述常常会用到关系运算符，如条件为"男生"的表达式为：性别 == "男"；条件为"年龄超过 20 岁"的表达式为：age>20。

多个条件的表述将会用到逻辑运算符 not、and、or，如表 6-4 所示。例如，在录入成绩的过程中，成绩（score）的取值范围为 0～100，表达式为：0<=score<=100 或者 score>=0 and score<=100；条件为"90 分以上的女生"的表达式为：score>=90 and 性别 = "女"。

表 6-4　逻辑运算符

运算符	含义	举例

not	not x，x 为 False 时返回 True；x 为 True 时返回 False	>>> x = True
		>>> not x
		False

and	x and y，先计算 x，如果计算结果为 False，则返回 x 的值；如果计算结果为 True，再计算 y 的值并返回其计算结果	>>> x = 0
		>>> x and y
		0
		>>> x = 3
		>>> x and 2
		2

or	x or y，先计算 x 的值，如果计算结果为 True，则返回 x 的值；如果计算结果为 False，再计算 y 的值并返回其计算结果	>>> x = 5
		>>> x or y
		5
		>>> x = 0
		>>> y = 3
		>>> x or y
		3

【例 6-18】　从键盘上输入一个 4 位数的年份，判断其是否为闰年。

分析：一个年份为闰年的条件是，能被 4 整除但是不能被 100 整除，或者能被 400 整除。

代码如下：

```
year = eval(input("输入一个 4 位数的年份:"))
if year % 4 == 0 and year % 100 != 0 or year % 400 ==0:
    print(year,"是闰年")
else:
    print("不是闰年")
```

程序运行结果：

```
============
输入一个 4 位数的年份:2040
2040  是闰年
```

【例 6-19】　将百分制转换成五分制，成绩在 90～100 的等级为 A，成绩在 80～89 的等级为 B，成绩在 70～79 的等级为 C，成绩在 60～69 的等级为 D，成绩不及格的等级为 E。

代码如下：

```
#score：分数
score = eval(input("输入一个分数: "))
if score<0 or score>100:
    print("输入数据不对")
elif score<60:
    print("等级为 E")
elif score<70:
    print("等级为 D")
elif score<80:
```

```
        print("等级为 C")
elif score<90:
        print("等级为 B")
else:
        print("等级为 A")
```

将程序执行 6 次，程序运行结果如下：

```
==========================================
输入一个分数：120
输入数据不对
>>>
输入一个分数：34
等级为 E
>>>
输入一个分数：65
等级为 D
>>>
输入一个分数：75
等级为 C
>>>
输入一个分数：85
等级为 B
>>>
输入一个分数：95
等级为 A
```

6.4.3 循环结构

在编写程序的过程中，有时要反复执行同样的动作，如使用 turtle 库绘制正方形：

```
>>> import turtle
>>> turtle.fd(150)      #往前跑 150
>>> turtle.left(90)     #左转 90 度
>>> turtle.fd(150)      #往前跑 150
>>> turtle.left(90)     #左转 90 度
>>> turtle.fd(150)      #往前跑 150
>>> turtle.left(90)     #左转 90 度
>>> turtle.fd(150)      #往前跑 150
>>> turtle.left(90)     #左转 90 度
```

从以上代码中不难看出，绘制正方形就是反复地绘制直线，"笔尖"先左转 90 度，绘制直线，再左转 90 度，绘制直线，反复操作 4 次，即可绘制一个正方形。为了简化代码，避免出错，可以将以上代码简化如下，不难看出代码量少了很多。

```
import turtle
for i in range(4):
        turtle.fd(150)
turtle.left(90)
```

Python 语言提供了两种循环语句来实现循环，即 for 循环语句和 while 循环语句。

1. for 循环语句

for 循环语句的基本格式：

for 变量 in 序列：	#冒号不能省略
循环体	#缩进不能少

执行过程：将序列的第 0 个元素赋值给变量，执行一次循环体；将序列中的第 1 个元素赋值给变量，再执行一次循环体；将序列中的第 2 个元素赋值给变量，再执行一次循环体，直到将序列中最后一个元素赋值给变量，执行循环体后循环结束。

例如，绘制正方形的代码如图 6-17 所示，range(4)产生 range 对象，包含四个数字 0、1、2、3。当 i=0 时，执行一次循环体， i=1 时执行一次循环体，i=2 时执行一次循环体，i=3 时执行一次循环体，正方形就绘制成功了。

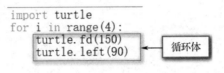

图 6-17　绘制正方形代码

在循环次数确定或者要遍历一个序列（字符串、列表、元组、字典、集合）时，通常采用 for 循环语句。

2. while 循环语句

当循环次数不确定或者不是遍历序列的操作时，常采用 while 循环语句。

while 循环语句的基本格式：

while 条件表达式：
语句块

执行过程：当程序运行到 while 语句时，首先计算 while 后面的条件表达式的值是否为 True 或者等同于 True，如果是，则执行循环体内的语句块，语句块执行完毕后程序转到 while 处继续计算 while 后面的条件表达式的值是否为 True，如果是，则继续执行循环体内的语句块，如果不是，则结束 while 循环。循环流程图如图 6-18 所示。

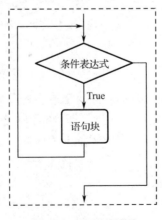

图 6-18　循环流程图

注意：当采用 while 循环语句时，在语句块中需对控制循环的循环变量的值进行修改，否则容易进入"死循环"，就是不停地执行语句块而跳不出循环结构。

【例 6-20】 打印 5 行"人生苦短，我学 Python"。

方法一：采用 for 循环语句。

代码如下：

```
for i in range(5):
    print("人生苦短，我学 Python")
```

程序运行结果：

```
========
人生苦短，我学 Python
人生苦短，我学 Python
人生苦短，我学 Python
人生苦短，我学 Python
人生苦短，我学 Python
```

方法二：采用 while 循环语句。

代码如下：

```
i = 0
while i<5:
    print("人生苦短，我学 Python")
i = i + 1
```

注意：本例在采用 while 循环语句时，用循环变量 i 来控制循环次数，并在循环体内用 i＝i+1 来修改循环变量 i 的值。

3. else、break 和 continue 语句

（1）else 语句。

else 语句的用法：

```
for 变量 in 序列:
    循环体
else:
    语句块
```

for 和 while 有时会搭配 else 语句使用，循环执行完毕后就执行 else 语句。

（2）break 语句。

break 语句用于中断循环的执行，跳出循环结构，也就是循环还没有按照指定的次数或者指定的条件结束就终止循环的执行。

（3）continue 语句。

continue 语句用来在循环体内结束本次循环，继续进入下一轮循环的条件判断。

【例 6-21】 从键盘上输入密码，如果密码长度不等于 6，则要求重新输入；如果长度等于 6，则判断密码是否正确，如果正确则中断循环，否则提示错误并要求继续输入。

代码如下：

```
while 1:
    pwd = input("请输入密码：")
```

```
    if len(pwd) != 6 :
        print("长度 6 位，请重试！")
        continue
    elif pwd == "123456":
        print("密码正确，验证成功！")
        break
    else:
        print("密码不正确，请重新输入！")
```

程序运行结果：

```
========
请输入密码：12
长度 6 位，请重试！
请输入密码：3456565645
长度 6 位，请重试！
请输入密码：123456
密码正确，验证成功！
```

4．经典案例

【例 6-22】 计算 1+2+3+4+5+6+7+⋯+100 的值。

代码如下：

```
s = 0
for i in range(1,101):
    s = s + i
print("1+2+3+4+5+6+...+100={}".format(s))
```

程序运行结果：

```
=============
1+2+3+4+5+6+...+100=5050
```

采用 while 循环语句：

```
s = 0
i = 1
while i<=100:
    s = s + i
    i += 1
print("1+2+3+...+100 的计算结果为{}".format(s))
```

程序运行结果：

```
=============
1+2+3+...+100 的计算结果为 5050
```

【例 6-23】《孙子算经》中记载，今有雉兔同笼，上有三十五头，下有九十四足，问雉兔各几何？

代码如下：

```
#鸡兔头的总数 total_tou，鸡兔脚的总数 total_jiao
```

```
total_tou = 35
total_jiao = 94
for ji in range(total_tou+1):
    tu = 35-ji
    if 2*ji + 4*tu == total_jiao:
        print("鸡的个数为{},兔的个数为{}".format(ji,tu))
```

程序运行结果：

```
==================
鸡的个数为23,兔的个数为12
```

【例 6-24】　模拟实现逢 7 拍手游戏，输出 100 以内需要拍手的数字，统计拍手次数。规则：从 1 开始顺序数数，数到含有数字 7 或者 7 的倍数时拍手。

代码如下：

```
count = 0
for i in range(1,101):
    if i % 7 == 0:
        print(i,end = ",")
        count+=1
    elif "7" in str(i):
        print(i,end= ",")
        count+=1
print()
print("拍手的次数：",count)
```

程序运行结果：

```
==================
7,14,17,21,27,28,35,37,42,47,49,56,57,63,67,70,71,72,73,74,75,76,77,78,79,84,87,91,97,98,
拍手的次数： 30
```

【例 6-25】　从键盘上输入一组学生的姓名、性别、成绩等信息，信息之间用空格分隔，每人一行，按回车键结束输入。

例如：

张三　男　90

李四　女　89

王五　男　78

周六　男　65

计算并输出这组学生的平均成绩（保留 2 位小数）和其中男生人数。

代码如下：

```
student = input()
score = []    #记录学生的成绩
count = 0     #统计男生的人数
while student!="":
    ls = student.split()
    score.append(int(ls[2]))
```

```
        if ls[1] == "男":
            count +=1
    student = input()
avg = sum(score)/len(score)
print("所有学生的平均成绩为{:.2f}".format(avg))
print("其中男生的人数为：{}".format(count))
===================
张三  男  90
李四  女  89
王五  男  78
周六  男  65
所有学生的平均成绩为80.50
其中男生的人数为：3
```

【**例 6-26**】 统计英文句子"life is short,we need Python."中各英文字母出现的次数，并输出出现频率最高的三个字母及其出现的频率。

代码如下：

```
s = "life is short,we need Python."
s = s.lower()              #全部转换成小写字母
s = s.strip(".")           #去掉尾部的"."
s = s.replace(" ","")      #去掉字符串中的空格
s = s.replace(",","")      #去掉字符串中的逗号
count = {}                 #用字典记录字母出现的次数
for i in s:
    count[i] = count.get(i,0)+1
print(count)
#字典转换成列表后依据字典的值进行降序排序
new_count =sorted(count.items(),key = lambda x :x[1],reverse = True)
#输出出现频率最高的三个字母
print(new_count[:3])
```

程序运行结果：

```
===================
{'l': 1, 'i': 2, 'f': 1, 'e': 4, 's': 2, 'h': 2, 'o': 2, 'r': 1, 't': 2, 'w': 1, 'n': 2, 'd': 1, 'p': 1, 'y': 1}
[('e', 4), ('i', 2), ('s', 2)]
```

注：Python 程序设计的内容还包括函数编程、模块的使用、面向对象、正则表达式，以及各种模块的使用，例如，数据分析的 numpy、pandas，数据可视化的 matplotlib 库等，有兴趣的同学可以查阅相关资料继续学习。

第7章

计算机网络基础

现代计算机技术、通信技术的迅速发展，引起了信息技术的革命，其中一个非常重要的方面，就是计算机网络技术的产生和发展。计算机网络是将若干台独立的计算机通过传输介质相互物理地连接，并通过网络软件逻辑地相互联系到一起而实现信息交换、资源共享、协同工作和在线处理等功能的计算机系统。计算机网络给人们的生活带来了极大的方便，如办公自动化、网上银行、网上订票、网上查询、网上购物等。计算机网络不仅可以传输数据，还可以传输图像、声音、视频等多种媒体形式的信息，在人们的日常生活和各行各业中发挥着越来越重要的作用。目前，计算机网络已广泛应用于政治、经济、军事、科学以及社会生活的方方面面。

本章从计算机网络的基本概念出发，主要介绍计算机网络的基本工作原理和计算机网络体系结构的分层模型，并针对 Internet，介绍 TCP/IP 的相关知识及 Internet 上提供的各种应用服务。本章还介绍计算机安全设置方法，计算机病毒的特点和防治方法，以及信息安全的一些基本概念。

7.1　计算机网络概述

7.1.1　计算机网络的形成与发展

尽管电子计算机在 20 世纪 40 年代研制成功，但到了 30 年后的 80 年代初期，计算机网络仍然被认为是一个昂贵而奢侈的技术。近 20 多年来，计算机网络技术取得了长足的发展，今天，计算机网络技术已经和计算机技术本身一样精彩纷呈，在人们的生活和商业活动中得到普及，对社会各个领域产生了广泛而深远的影响。

计算机网络是利用通信线路和通信设备，把分布在不同地理位置的具有独立功能的多台计算机、终端及其附属设备互相连接，按照网络协议进行数据通信，利用功能完善的网络软件实现资源共享的计算机系统的集合。计算机网络是计算机技术与通信技术结合的产物。

可以从以下几个方面来理解该定义。

- 至少有两台计算机才能构成网络，并且，这些计算机是独立的。
- 这些计算机之间要用一些通信设备和传输介质连接起来。
- 要有相应的软件进行管理。
- 连网后这些计算机就可以共享资源和互相通信。例如，网络中的多台计算机共用一台打印机等。

计算机网络的发展过程就是计算机技术与通信技术融合的过程。计算机网络的产生与发展过程主要包括面向终端的计算机网络、计算机通信网络、计算机互联网络和高速互联网络 4 个阶段。

1. 第一代——面向终端的计算机网络

在 PC 出现前，计算机的体系架构是一台具有计算能力的计算机主机挂接多台终端设备。终端设备没有数据处理能力，只提供键盘和显示器，用于将程序和数据输入计算机主机和从主机获得计算结果。计算机主机分时、轮流地为各个终端执行计算任务。这种计算机主机与终端之间的数据传输，就是最早的计算机通信。

第一代计算机网络是面向终端的计算机网络。面向终端的计算机网络又称联机系统，建于 20 世纪 50 年代初，是第一代计算机网络。它由一台主机和若干个终端组成，较典型的有 1963 年美国空军建立的半自动化地面防空系统（SAGE），其结构如图 7-1 所示。在这种联机方式中，主机是网络的中心和控制者，终端（键盘和显示器）分布在各处并与主机相连，用户通过本地的终端使用远程的主机。

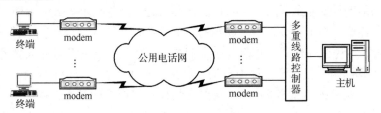

图 7-1　第一代计算机网络结构示意图

2. 第二代——计算机通信网络

直到 1964 年美国 Rand 公司的 Baran 提出"存储转发"和 1966 年英国国家物理实验室的 Davies 提出"分组交换"的方法，独立于电话网络的、实用的计算机网络才开始真正的发展。第二代计算机网络是以共享资源为目的的计算机通信网络，其结构如图 7-2 和图 7-3 所示。20 世纪 70 年代，以美国国防部高级研究计划局 DARPA 的 ARPAnet 为代表，ARPAnet 采用"存储转发—分组交换"技术实现数据通信。它的产生标志着计算机网络的兴起。

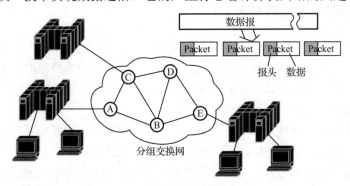

图 7-2　分组交换网

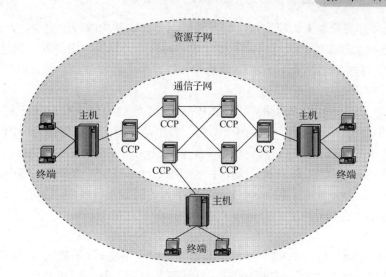

图 7-3　第二代计算机网络结构示意图

　　分组交换的概念是将整块的待发送数据划分为一个个更小的数据段，在每个数据段前面加上报头，构成一个个的数据分组（Packets）。每个 Packet 的报头中存放目标计算机的地址和报文包的序号，网络中的交换机根据这样的数据地址决定数据向哪个方向转发。在该概念下由传输线路、交换设备和通信计算机建设起来的网络，被称为分组交换网络。

　　分组交换网络的概念是计算机通信脱离电话通信线路交换模式的里程碑。在电话通信线路交换模式下，在通信前，需要先通过用户的呼叫（拨号），再由网络为本次通信建立线路。这种通信方式不适合计算机数据通信的突发性、密集性特点。而分组交换网络则不需要建立通信线路，数据可以随时以分组的形式发送到网络中。分组交换网络不需要呼叫建立线路的关键在于其每个数据包（分组）的报头中都有目标主机的地址，网络交换设备根据这个地址就可以随时为单个数据包提供转发，将其沿正确的路线送往目标主机。

　　3. 第三代——计算机互联网络

　　20 世纪 70 年代中后期，各种各样的商业网络纷纷建立，并提出各自的网络体系结构。比较著名的有 IBM 公司于 1974 年公布的系统网络体系结构 SNA（System Network Architecture），美国 DEC 公司于 1975 年公布的分布式网络体系结构 DNA（Distributing Network Architecture）。这些不断出现的按照不同概念设计的网络，有力地推动了计算机网络的发展和广泛使用。同一体系结构的网络产品互联非常容易，但不同体系结构的产品却很难实现互连。为此，国际标准化组织（International Standards Organization，ISO）成立了一个专门机构，研究和开发新一代的计算机网络。经过几年的努力，于 1984 年正式颁布了一个称为"开放系统互连参考模型"（Open System Interconnection Basic Reference Model，OSI）的国际标准 ISO/OSI 7498。自此，计算机网络开始走向国际标准化的时代。一般把从确立基于开放标准的计算机网络体系结构到因特网的诞生这段时间，称为第三代计算机网络。

　　4. 第四代——高速互联网络

　　第四代计算机网络又称高速互联网络（或称高速 Internet），这是一个智能化、全球化、高速化和个性化的网络阶段。通常意义上的计算机互联网络，通过数据通信网络实现数据的通信和共享，此时的计算机网络基本上以电信网作为信息的载体，即计算机通过电信网络中的 X.25 网、DDN 网、帧中继网等传输信息。

Internet 是全球规模最大、应用最广的计算机网络。它是由院校、企业、政府的局域网自发地加入而发展壮大起来的超级网络，连接了数千万台的计算机、服务器。通过在 Internet 上发布商业、学术、政府、企业的信息，以及新闻和娱乐的内容和节目，极大地改变了人们的工作和生活方式。

Internet 的前身是 1969 年问世的美国 ARPAnet。到 1983 年，ARPAnet 已连接超过三百台计算机。1984 年，ARPAnet 被分解为两个网络，一个是民用的，仍然称为 ARPAnet；另一个是军用的，称为 MILNET。美国国家科学基金组织 NSF 在 1985—1990 年建成由主干网、地区网和校园网组成的三级网络，称为 NSFnet，并与 ARPAnet 相连。在 1990 年，NSFnet 和 ARPAnet 合在一起改名为 Internet。随后，Internet 上计算机接入的数目与日俱增。为进一步扩大 Internet，美国政府将 Internet 的主干网交由非私营公司经营，并开始对 Internet 上的传输收费，Internet 得到了迅猛发展。

我国最早的 Internet 是于 1994 年 4 月完成的 NCFC 与 Internet 的接入。由中国科学院主持，联合北京大学和清华大学共同完成的 NCFC（中国国家计算与网络设施）是一个在北京中关村地区建设的超级计算中心。NCFC 通过光缆将中科院中关村地区的三十多个研究所及清华、北大两所高校连接起来，形成 NCFC 的计算机网络。

目前，全球以 Internet 为核心的高速计算机互联网络已形成，Internet 已经成为人类最重要的、最大的知识宝库。与第三代计算机网络相比，第四代计算机网络的特点是网络的高速化和业务的综合化。网络高速化有两个特征，即网络宽频带和传输低时延。使用光纤等高速传输介质和高速网络技术，可实现网络的高速率；快速交换技术可保证传输的低时延。网络业务综合化是指一个网中综合了多种媒体（如语音、视频、图像和数据等）的信息。业务综合化的实现依赖于多媒体技术。

7.1.2 计算机网络的功能

不同的计算机网络是为不同的需求而设计和组建的，它们所提供的服务和功能也有所不同。计算机网络可提供的基本功能表现在以下几个方面。

1. 软、硬件共享

计算机网络允许网络上的用户共享网络上各种不同类型的硬件设备，可共享的硬件资源包括高性能计算机、大容量存储器、打印机、图形设备、通信线路、通信设备等。共享硬件的好处是提高硬件资源的使用效率、节约开支。

现在已经有许多专供网上使用的软件，如数据库管理系统、各种 Internet 信息服务软件等。共享软件允许多个用户同时使用，并能保持数据的完整性和一致性。特别是客户机/服务器（Client/Server，C/S）和浏览器/服务器（Browser/Server，B/S）模式的出现，使人们可以通过客户机来访问服务器，而服务器软件是共享的。在 B/S 方式下，软件版本的升级、修改，只要在服务器上进行，全网用户都可立即共享。可共享的软件种类很多，包括大型专用软件、各种网络应用软件、各种信息服务软件等。

2. 信息共享

信息也是一种资源，Internet 就是一个巨大的信息资源宝库，其上有极为丰富的信息，它就像一个信息的海洋，有取之不尽、用之不竭的信息与数据。每个接入 Internet 的用户都可以共享这些信息资源。可共享的信息资源有：搜索与查询的信息，Web 服务器上的主页及各种链接，FTP 服务器中的软件，各种各样的电子出版物，网上消息、报告和广告，网上大学，网上图书馆等。

3. 通信

通信是计算机网络的基本功能之一，它可以为网络用户提供强有力的通信手段。建设计算机网络的主要目的就是让分布在不同地理位置的计算机用户能够相互通信、交流信息。计算机网络可以传输数据以及声音、图像、视频等多媒体信息。利用网络的通信功能，可以发送电子邮件，打电话，在网上举行视频会议等。

4. 负荷均衡与分布处理

负荷均衡是指将网络中的工作负荷均匀地分配给网络中的各计算机系统。当网络上某台主机的负载过重时，通过网络和一些应用程序的控制和管理，可以将任务交给网络上的其他计算机进行处理，充分发挥网络系统上各主机的作用。分布处理可将一个作业的处理分为三个阶段：提供作业文件；对作业进行加工处理；把处理结果输出。在单机环境下，上述三步都在本地计算机系统中进行。在网络环境下，根据分布处理的需求，可将作业分配给其他计算机系统进行处理，以提高系统的处理能力，高效地完成一些大型应用系统的程序计算以及大型数据库的访问等。

5. 系统的安全与可靠性

系统的可靠性对于军事、金融和工业过程控制等部门的应用特别重要。计算机通过网络中的冗余部件可大大提高可靠性。例如，在工作过程中，一台机器出了故障，可以使用网络中的另一台机器；网络中一条通信线路出了故障，可以用另一条通信线路，从而提高网络系统的可靠性。

7.1.3 计算机网络的基本应用

随着现代信息社会进程的推进，通信和计算机技术的迅猛发展，计算机网络的应用也越来越普及，它几乎深入社会的各个领域。

1. 经济生活中的应用

随着现代社会的进步和发展，计算机网络技术广泛应用到社会生产和生活中，网络技术和虚拟技术的兴起，对传统生产方式带来了强烈的冲击。尤其是电子商务的兴起，商业活动和互联网的联系更加密切，面对网络经济发展带来的挑战，计算机网络随之创新。在经济生活中的计算机网络应用可以降低人工劳动强度和生产成本，提升生产效率，促使商业经济活动更加便捷、高效，对于塑造良好企业形象具有积极作用。与此同时，为了促进网络经济稳定增长，广泛应用计算机网络技术，可带给人们更大的便利和服务。随着电子商务产业的蓬勃发展，购物方式和支付方式更加便捷，可以省时省力，带给人们更加便捷、优质的网购服务。

2. 文化生活中的应用

在文化生活中应用计算机网络，构建信息共享平台，可以实现信息资源高效共享和传输，打破时间和空间限制，获取世界各国新闻信息，自由表达言论和看法。计算机网络在人们生活中的应用，在丰富人们知识储备的同时，可进一步拓宽视野，增长见识。如 QQ、微信、微博和各类头条新闻软件几乎成为人们智能手机中的必备软件，促进了人们的沟通和交流，人们的生活更加便捷、简单和高效。

3. 教育领域中的应用

计算机网络技术作为一种前沿技术，在教育领域中广泛应用，可使教育信息化水平显著提高，有助于整合网络教育资源，拓宽教育范围。在计算机网络技术的支持下，教育手段逐渐多样化，可以实现远程教学、远程考试，促进教育科研水平的提高。应用计算机网络技术来分析和统计数据，结合计算机网络虚拟分析技术，可以弥补传统技术的不足，更好地实现预期教育目标。

4. 公共服务体系中的应用

在传统的公共服务办理流程中，工作人员需与申请人面对面交流，这无形中加大了时间和精力成本。在公共服务体系中计算机网络的应用，可以弥补传统人工操作方式的不足，提高服务水平。各部门信息网上互联降低了信息核实的成本，在计算机网络的支持下，可以推动管理模式创新，推动公共服务体系健全和完善，推动公共服务管理朝着网络化发展。与此同时，借助计算机网络技术建立各种信息咨询平台，可以为咨询、投诉和便民服务提供支持。

5. 企业信息传递中的应用

虚拟网络技术作为计算机网络技术的代表性技术之一，在企业组织管理中的应用，可以实现内部信息传递，建立信息沟通平台，使上下级员工充分交互，实现经验信息的高效传递，加深员工情感交流的同时，切实提高工作效率。例如，借助计算机虚拟技术，可以实现公共网络和私人网络的高效运转，并且通过安全数据传输通道，为数据信息安全提供保障，减少信息传输的成本，带来更大的便捷。虚拟专用拨号网技术的应用，可以实现网络资源的高效开发和利用，结合不同需要合理配置资源。通过信息交流和共享，可以打破时间和空间限制，并对信息进行加密处理，避免信息传播过程中因泄露带来的损失，确保信息的私密性和安全性。福利彩票站中计算机虚拟专用拨号技术的应用，通过开设数字专线，借助各地服务器拨号投注，既可实现信息资源价值的开发，又能保证数据信息的安全传输。

6. 现代医疗中的应用

在现代医疗中计算机网络技术的广泛应用，通过建立信息化管理系统，可以实现医疗信息高度共享和利用，优化患者诊疗流程，提高诊疗效率和质量，降低医疗人员的工作强度和成本，切实提高医疗服务水平。同时，在计算机网络技术的支持下，有助于推动远程医疗事业发展，实现医疗资源合理配置，提高优质医疗服务水平。

7.1.4 计算机网络的发展趋势

计算机网络的发展方向是 IP 技术+光网络，光网络将会演进为全光网络。从网络的服务层面上看，将是一个 IP 的世界，通信网络、计算机网络和有线电视网络将通过 IP 三网合一；从传送层面上看，将是一个光的世界；从接入层面上看，将是一个有线和无线的多元化世界。

1. 三网合一

目前广泛使用的网络有通信网络、计算机网络和有线电视网络。随着技术的不断发展，新的业务不断出现，新旧业务不断融合，作为其载体的各类网络也不断融合，使目前广泛使用的三类网络正逐渐向单一、统一的 IP 网络发展，即所谓的"三网合一"。

在 IP 网络中可将数据、语音、图像、视频都归结到 IP 数据包中，通过分组交换和路由技术，采用全球性寻址，使各种网络无缝连接，网际互连协议 IP 将成为各种网络、各种业务的"共同语言"，实现所谓的 Everything over IP。

实现"三网合一"并最终形成统一的 IP 网络后，传递数据、语音、视频只需要建造、维护一个网络，可简化管理，也可大大节约开支，同时可提供集成服务，方便用户。可以说"三网合一"是网络发展的一个最重要的趋势。

2. 光通信技术

光通信技术已有 30 年的历史。随着光器件、各种光复用技术和光网络协议的发展，光传输系统的容量已从 Mbps 级发展到 Tbps 级，提高了近 100 万倍。

光通信技术的发展主要有两个大方向，一是主干传输向高速率、大容量的 OTN 光传送网发展，最终实现全光网络；二是接入向低成本、综合接入、宽带化光纤接入网发展，最终实现光纤到家庭和光纤到桌面。全光网络是指光信息流在网络中的传输及交换始终以光的形式实现，不再需要经过光/电、电/光变换，即信息从源节点到目的节点的传输过程中始终在光域内。

3. IPv6 协议

TCP/IP 协议族是互联网基石之一，而 IP 是 TCP/IP 协议族中的核心协议，是 TCP/IP 协议族中网络层的协议。目前，IP 的版本为 IPv4。IPv4 的地址位数为 32 位，即理论上约有 42 亿个地址。随着互联网应用的日益广泛和网络技术的不断发展，IPv4 的问题逐渐显露出来，主要有地址资源枯竭、路由表急剧膨胀、对网络安全和多媒体应用的支持不够等。

IPv6 是下一版本的 IP，也可以说是下一代 IP。IPv6 采用 128 位地址长度，几乎可以不受限制地提供地址。理论上约有 $3.4×1038$ 个 IP 地址，而地球的表面积以厘米为单位也仅有 $5.1×1018cm^2$，即使按保守方法估算 IPv6 实际可分配的地址，每个平方厘米面积上也可分配到若干亿个 IP 地址。IPv6 既一劳永逸地解决了地址短缺问题，又解决了 IPv4 中的其他问题，如端到端 IP 连接、服务质量（QoS）、安全性、多播、移动性、即插即用等。

4. 宽带接入技术

计算机网络必须有宽带接入技术的支持，各种宽带服务与应用才有可能开展。因为只有接入网的带宽瓶颈问题被解决，骨干网和城域网的容量潜力才能真正发挥。尽管当前宽带接入技术有很多种，但只要是不和光纤或光结合的技术，就很难在下一代网络中应用。目前，光纤到户（Fiber To The Home，FTTH）的成本已下降至可以被用户接受的程度。这里涉及两个新技术，一个是基于以太网的无源光网络（Ethernet Passive Optical Network，EPON）的光纤到户技术，另一个是自由空间光系统（Free Space Optical，FSO）。

由 EPON 支持的光纤到户正在异军突起，它能支持每秒达吉比特的数据传输速率，并且不久的将来成本会降到与数字用户线路（Digital Subscriber Line，DSL）和光纤同轴电缆混合网（Hybrid Fiber Cable，HFC）相同的水平。

FSO 技术通过大气而不是光纤传送光信号，它是光纤通信与无线电通信的结合。FSO 技术能提供接近光纤通信的速率，如可达到 1Gbps，它既在无线接入带宽上有了明显的突破，又不需要在稀有资源无线电频率上有很大的投资，因为不要许可证。FSO 和光纤线路比较，系统不仅安装简便，时间少很多，而且成本也低很多。FSO 现已在企业和居民区得到应用，但是和固定无线接入一样，易受环境因素干扰。

5. 移动通信系统技术

4G 系统比曾经广泛使用的 2G 和 3G 系统传输容量更大，灵活性更高。它以多媒体业务为基础，已形成很多标准，并将引入新的商业模式。4G 以上的 5G，乃至 6G 系统，它们以宽带多媒体业务为基础，使用更高更宽的频带，传输容量会更上一层楼。它们可在不同的网络间无缝连接，提供满意的服务；同时网络可以自行组织，终端可以重新配置和随身携带，是一个包括卫星通信在内的端到端的 IP 系统，可与其他技术共享一个 IP 核心网。它们都是构成下一代移动互联网的基础设施。

7.1.5 计算机网络的拓扑结构

网络拓扑结构是计算机网络节点和通信链路所组成的几何形状。计算机网络有多种拓扑结构，常用的有总线型拓扑结构、星形拓扑结构、环形拓扑结构、树形拓扑结构、网状拓扑结构，如图 7-4 所示。

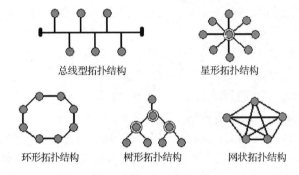

图 7-4   计算机网络的拓扑结构

1. 总线型拓扑结构

总线型拓扑结构采用一条单根的通信线路（总线）作为公共的传输通道，所有节点都通过相应的接口直接连接到总线上，并通过总线进行数据传输。例如，在一根电缆上连接了组成网络的计算机或其他共享设备（如打印机等），如图 7-5 所示。由于单根电缆仅支持一种信道，因此连接在电缆上的计算机和其他共享设备共享电缆的所有容量。连接在总线上的设备越多，网络发送和接收数据就越慢。

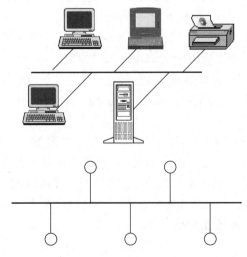

图 7-5   总线型拓扑结构

总线型拓扑结构具有以下特点。

① 结构简单、灵活，易于扩展；共享能力强，便于广播式传输。

② 网络响应速度快，但负荷重时性能迅速下降；局部站点故障不影响整体，可靠性较高。但是，如果总线出现故障，则将影响整个网络。

③ 易于安装，费用低。

2. 星形拓扑结构

星形拓扑结构中的每个节点都由一条点对点链路与中心节点（公用中心交换设备，如交换机、集线器等）相连，如图 7-6 所示。星形网络中的一个节点如果向另一个节点发送数据，首先将数据发送到中央设备，然后由中央设备将数据转发到目标节点。信息的传输是通过中心节点的存储转发技术实现的，并且只能通过中心节点与其他节点通信。星形网络是局域网中最常用的拓扑结构。

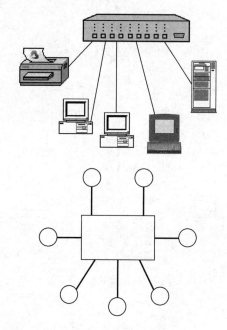

图 7-6　星形拓扑结构

星形拓扑结构具有以下特点。

① 结构简单，便于管理和维护；易实现结构化布线；结构易扩充和升级。

② 通信线路专用，电缆成本高。

③ 星形结构的网络由中心节点控制与管理，中心节点的可靠性基本上决定了整个网络的可靠性。

④ 中心节点负担重，易成为信息传输的瓶颈，且中心节点一旦出现故障，会导致全网瘫痪。

3. 环形拓扑结构

环形拓扑结构是各个网络节点通过环接口连在一条首尾相接的闭合环形通信线路中，如图 7-7 所示。每个节点设备只能与它相邻的一个或两个节点设备直接通信。如果要与网络中的其他节点通信，则数据需要依次经过两个通信节点之间的每个设备。环形网络既可以是单向的也可以是双向的。单向环形网络的数据绕着环向一个方向发送，数据所到达的环中的每个设备都将数据接收并经过放大后再将其转发出去，直到数据到达目标节点为止。双向环形网络中的数据能在两个方向上进行传输，因此，设备可以和两个邻近节点直接通信。如果一个方向的环中断了，则数据可以以相反的方向在环中传输，最后到达其目标节点。

环形拓扑结构有两种类型，即单环结构和双环结构。令牌环（Token Ring）是单环结构的典型代表，光纤分布式数据接口（FDDI）是双环结构的典型代表。

环形拓扑结构具有以下特点。

① 在环形网络中，各工作站间无主从关系，结构简单；信息流在网络中沿环单向传递，延迟固定，实时性较好。

② 两个节点之间仅有唯一的路径，简化了路径选择，但可扩充性差。

③ 可靠性差，任何线路或节点的故障，都有可能引起全网故障，且很难进行故障检测。

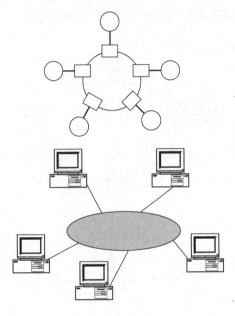

图 7-7　环形拓扑结构

4．树形拓扑结构

树形拓扑结构是对总线型拓扑结构的扩展，它是在总线网上加上分支形成的，其传输介质可有多条分支，但不形成闭合回路。树形拓扑具有层次结构，是一种分层网，网络的最高层是中央处理机，最低层是终端，其他各层可以是多路转换器、集线器或部门用计算机。其结构可以对称，联系固定，具有一定的容错能力，一般一个分支节点的故障不影响另一个分支节点的工作，任何节点送出的信息都由根节点接收后重新发送到所有节点，也是广播式网络。Internet大多采用树形拓扑结构。如图 7-8 所示的是一个树形拓扑结构。

树形拓扑结构具有以下特点。

① 易于扩展，故障易隔离，可靠性高；电缆成本高。

② 对根节点的依赖性大，一旦根节点出现故障，将导致全网不能工作。

5．网状拓扑结构

网状拓扑结构是指将各网络节点与通信线路连接成不规则的形状，每个节点至少与其他两个节点相连，或者说每个节点至少有两条链路与其他节点相连，如图 7-9 所示。大型互联网一般都采用这种结构，如我国的教育科研网 CERNET、Internet 的主干网都采用网状拓扑结构。

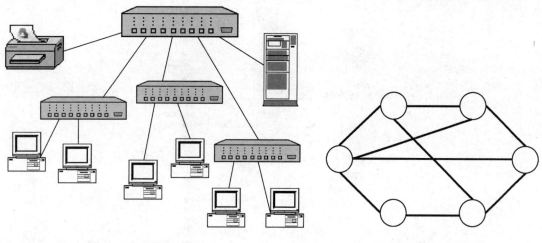

图 7-8 树形拓扑结构　　　　　　　　图 7-9 网状拓扑结构

网状拓扑结构具有以下特点。

① 可靠性高；结构复杂，不易管理和维护；线路成本高；适用于大型广域网。

② 因为有多条路径，所以可以选择最佳路径，减少时延，改善流量分配，提高网络性能，但路径选择比较复杂。

在实际组网中，采用的拓扑结构不一定是单一固定的，通常是几种拓扑结构的混合。

7.1.6　计算机网络的分类

计算机网络的种类很多，按照不同的分类标准，可以有多种分类方法。

1. 按照网络的覆盖范围分类

按照网络的覆盖范围分类是目前网络分类最常用的方法，它将网络分为局域网、城域网和广域网。

（1）局域网。

局域网（Local Area Network，LAN）是指在某一较小范围内由多台计算机互连成的计算机组。"某一较小范围"指的是同一办公室、同一建筑物、同一公司或同一学校等，网络直径一般小于几千米。一个局域网可以容纳几台至几千台计算机。局域网可以实现文件管理、应用软件共享、打印机共享等功能。由于不同的局域网采用不同传输能力的传输媒介，因此局域网的传输距离也不同。局域网的特点是覆盖范围小，传输速率通常可以很高，网络出现故障的概率较小。局域网按照采用的技术、应用范围和协议标准的不同，可以分为共享局域网和交换局域网。目前，局域网最快的传输速率要数现在的 10G 以太网。

（2）城域网。

城域网（Metropolitan Area Network，MAN）的覆盖范围通常约为 10km（网络直径）。这种网络一般是将在一个城市内但不在同一地理小区范围内的计算机进行互连，如图 7-10 所示。城域网采用的是 IEEE 802.6 标准。城域网和局域网的区别是其服务范围不同。城域网服务于整个城市，而局域网则服务于某个部门。城域网与局域网相比，其扩展的距离更长，连接的计算机数量更多，在地理范围上可以说是局域网的延伸。在一个大型城市，一个城域网通常连接着多个局域网。

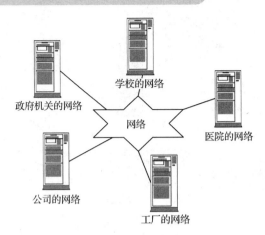

图 7-10　城域网示例

（3）广域网。

广域网（Wide Area Network，WAN）所覆盖的范围比城域网更广，可以从几百千米到几万千米，可以是一个地区、一个国家，甚至是全球。因为距离较远，广域网的信息衰减比较严重，所以这种网络一般要租用专线。广域网因为所连接的用户多，总出口带宽有限，所以用户的终端连接速率一般较低，通常为 9.6kbps～45Mbps。

2．按照传输技术分类

网络所采用的传输技术决定了网络的主要技术特点，因此，根据网络所采用的传输技术对网络进行划分是一种很重要的分类方法。

（1）广播式网络。

广播式网络中的广播是指网络中所有联网的计算机都共享一个公共通信信道，当一台计算机 A 利用共享通信信道发送报文分组时，所有其他计算机都会接收并处理这个分组。由于发送的分组中带有源地址 A 与目的地址 B，网络中所有接收到该分组的计算机将检查目的地址 B 是否与本节点的地址相同。如果被接收的报文分组的目的地址 B 与本节点的地址相同，则接收该分组，否则将收到的分组丢弃。其工作原理如图 7-11 所示。

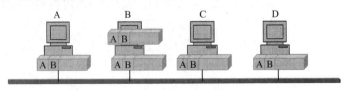

图 7-11　广播式网络工作原理

（2）点到点式网络。

点到点式网络中每两个节点之间都存在一条物理信道，即每条物理线路连接一对计算机。某台计算机 A 沿某信道发送数据给计算机 B，确定无疑的是只有信道另一端的 B 可以接收到。如果两台计算机之间没有直接连接的线路，那么它们之间的分组传输就要通过中间节点的接收、存储、转发，直至目的节点。其工作原理如图 7-12 所示。由于连接多台计算机之间的线路结构可能是复杂的，因此从源节点到目的节点可能存在多条路由，决定分组从通信子网的源节点到达目的节点的路由需要有路由选择算法。采用分组存储转发是点到点式网络与广播式网络的重要区别之一。

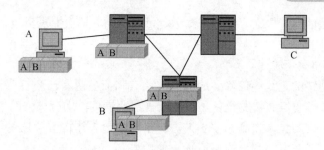

图 7-12　点到点式网络工作原理

3. 按照数据交换方式分类

（1）直接交换网。

直接交换网又称电路交换网。直接交换网进行数据通信交换时，先申请通信的物理通路，物理通路建立后通信双方再开始传输数据。在传输数据的整个时间内，通信双方始终独占所占用的信道。

（2）存储转发交换网。

存储转发交换网进行数据通信交换时，先将数据在交换装置控制下存入缓冲器中，并对存储的数据进行一些必要的处理，当指定的输出线路空闲时，再将数据发送出去。

（3）混合交换网。

混合交换网是在一个数据网中同时采用存储转发交换和电路交换两种方式进行数据交换的网。

4. 按照传输介质分类

传输介质是指数据传输系统中发送装置和接收装置间的物理媒体，按其物理形态可以将网络划分为有线网络和无线网络两大类。

（1）有线网络。

传输介质采用有线介质连接的网络称为有线网络。有线网络又分为两种，一种是采用双绞线和同轴电缆等铜缆连成的网络，另一种是采用光导纤维做传输介质的网络。

（2）无线网络。

采用无线介质连接的网络称为无线网络。目前，计算机网络的无线通信的主要方式有地面微波通信、卫星通信、红外线通信和激光通信。

① 地面微波通信。

地面微波通信常用于电缆（或光缆）铺设不便的特殊地理环境或作为地面传输系统的备份和补充。地面微波通信在数据通信中占有重要地位。

地面微波通信具有频带宽、信道容量大、初建费用低、建设速度快、应用范围广等优点，其缺点是保密性能差、抗干扰性能差，两微波站天线间不能被建筑物遮挡。这种通信方式逐渐被很多计算机网络所采用，有时在大型互联网中与有线介质混用。

② 卫星通信。

卫星通信实际上是使用人造地球卫星作为中继器来转发信号的，它使用的波段也是微波。通信卫星通常被定位在几万千米高空，因此，卫星作为中继器可使信息的传输距离很远（几千至上万千米）。如每个同步卫星可覆盖地球的三分之一表面。卫星通信已被广泛用于远程计算机网络中。如国内很多证券公司显示的证券行情都是通过 VSAT 接收的卫星通信广播信息，而证券的交易信息则是通过延迟小的数字数据网 DDN 专线或分组交换网进行转发的。

卫星通信具有通信容量极大、传输距离远、可靠性高、一次性投资大、传输距离与成本无关等特点。

③ 红外线通信和激光通信。

应用于计算机网络的无线通信除了地面微波通信和卫星通信，还有红外线通信和激光通信等。红外线通信和激光通信的收发设备必须处于视线范围内，均有很强的方向性，因此，防窃取能力强。但由于它们的频率太高，波长太短，不能穿透固体物质，且对环境因素（如天气）较为敏感，因此，只能在室内和近距离情况下使用。

7.1.7　计算机网络的体系结构

1. 网络体系结构的基本概念

计算机网络的结构可以从网络体系结构、网络组织和网络配置 3 个方面来描述。网络组织从网络的物理结构、网络的实现方面来描述计算机网络；网络配置从网络的应用方面来描述计算机网络的布局、硬件、软件和通信线路等；网络体系结构从功能上来描述计算机网络的结构。计算机网络的体系结构是抽象的，是对计算机网络通信所需要完成的功能的精确定义。而对于体系结构中所确定的功能如何实现，则是网络产品制造者遵循体系结构研究和实现的问题。

一个功能完善的计算机网络是一个复杂的结构，网络上的多个节点间不断地交换数据信息和控制信息。在交换信息时，网络中的每个节点都必须遵守一些事先约定好的共同的规则，这些规则精确地规定了所有交换数据的格式和时序。这些为网络数据交换而制定的规则、约定和标准统称为网络协议（Protocol）。一个网络协议主要由以下 3 个要素组成。

① 语法：用户数据与控制信息的结构和格式。

② 语义：需要发出何种控制信息，以及完成的动作与做出的响应。

③ 时序：对操作执行顺序的详细说明。

网络协议是计算机网络不可缺少的部分。很多经验和实践表明，对于非常复杂的计算机网络协议，其结构最好采用层次式的，也就是将其分为若干层。这样分层的好处是每层都实现相对独立的功能，因而可以将一个难以处理的复杂问题分解为若干个较容易处理的小问题。每层只关心本层内容的实现，进而为上一层提供服务，向下一层请求服务，而不用知道其他层如何实现。

2. 网络协议的标准化

世界上第一个网络体系结构是美国 IBM 公司于 1974 年提出的，它取名为系统网络体系结构 SNA（System Network Architecture）。凡是遵循 SNA 的设备就称为 SNA 设备。这些 SNA 设备可以很方便地进行互连。在此之后，很多公司也纷纷建立自己的网络体系结构。这些体系结构大同小异，都采用层次技术，但各有其特点以适合本公司生产的计算机组成网络。这些体系结构也有其特殊的名称，使用不同体系结构的厂家设备是不可以相互连接的，这就妨碍了实现异种计算机互连以达到信息交换、资源共享、分布处理和分布应用的需求。客观需求迫使计算机网络体系结构由封闭式走向开放式。

在此背景下，国际标准化组织 ISO 经过多年努力，于 1984 年提出了开放系统互连参考模型"ISO/OSI"，从此开始有组织、有计划地制定一系列网络国际标准。

3. ISO/OSI 参考模型

OSI 参考模型是由国际化标准组织 ISO 制定的标准化开放式计算机网络层次结构模型，又称为 ISO/OSI 参考模型。它从逻辑上把每个开放系统划分成功能上相对独立的七层：物理层、数据链路层、网络层、传输层、会话层、表示层和应用层。每层均有自己的一套功能集，并与紧邻的上层和下层交互作用。在顶层，应用层与用户使用的软件进行交互。在 OSI 模型的底端是携带信号的网络电缆和连接器。总的来说，在顶层与底层之间的每一层均能确保数据以一种可读、无错、排序正确的格式被发送。

ISO/OSI 参考模型的逻辑结构如图 7-13 所示。最低的 3 层是依赖网络的，涉及将两台通信计算机连接在一起所使用的数据通信网的相关协议，实现通信子网功能。最高的 3 层是面向应用的，涉及允许两个终端用户应用进程交互作用的协议，通常是由本地操作系统提供的一套服务，实现资源子网功能。中间的传输层为面向应用的上 3 层遮蔽了与网络有关的下 3 层的详细操作。从实质上讲，传输层建立在由下 3 层提供服务的基础上，为面向应用的上 3 层提供与网络无关的信息交换服务。

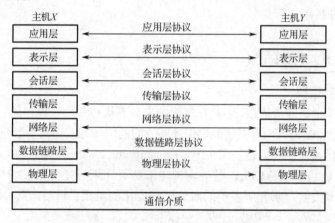

图 7-13 ISO/OSI 参考模型的逻辑结构

在需要把一个数据文件发往另外一个主机之前，这个数据要经历这 7 层协议的每一层的加工。例如，我们要把一封邮件发往服务器，当我们在 Outlook 软件中编辑完成，按发送键后，Outlook 软件就会把我们的邮件交给第 7 层中根据 POP3 或 SMTP 协议编写的程序。POP3 或 SMTP 程序按自己的协议整理数据格式，然后发给下面层的某个程序。每一层的程序（除了物理层，它是硬件电路和网线，不再加工数据）都会对数据格式做一些加工，还会用报头的形式增加一些信息。

接收方主机的加工过程是相反的。物理层接收数据后，以相反的顺序遍历 OSI 的所有层，使接收方收到这个电子邮件。

7.2 Internet 基础

7.2.1 Internet 介绍

计算机网络技术在 20 世纪 60 年代问世后，曾出现过各种各样以不同的网络技术组建起来的局域网和广域网。将各种不同的网络互连起来的可能解决方案有两个，第一个方案是选择一种网络技术，然后以强制方式让所有非使用这种网络技术的组织拆除其原有网络而重新组建新的网络；第二个方案是允许各个部门和组织根据各自的需求及经济预算选择自己的网络，然后寻求一种方法将所有类型的网络互连起来。第一个方案听起来简单易行，但实际上却是不可能做到的。第二个方案就是 Internet，已经被实践证明是一种很好的方案。

从技术角度来看，Internet 包括各种计算机网络，从小型的局域网、城域网到大规模的广域网。计算机主机包括 PC、工作站、小型机、中型机和大型机。这些网络和计算机通过电话线、高速专用线、微波、卫星和光缆连接在一起，在全球范围内构成了一个四通八达的"网间网"。

从应用角度来看，Internet 是一个世界规模的巨大的信息和服务资源网络，它能够为每个 Internet 用户提供有价值的信息和其他相关的服务。也就是说，通过使用 Internet，世界范围的人们既可以互通信息、交流思想，又可以从中获取各方面的知识、经验和相关资源。

我国第一次与国外通过计算机和网络进行通信始于 1983 年，这一年，中国高能物理研究所通过商用电话线，与美国建立了电子通信连接，实现了两个节点间电子邮件的传输，从此拉开了我国 Internet 的帷幕。

7.2.2　Internet 的分层结构

1. TCP/IP 参考模型

前面讲述了 OSI 七层参考模型，但是在实际中完全遵从 OSI 参考模型的协议几乎没有。尽管如此，OSI 参考模型还是为人们考查其他协议各部分间的工作方式提供了框架和评估基础。

Internet 上所使用的网络协议是 TCP/IP（Transmission Control Protocol/Internet Protocol，传输控制协议/网络互连协议）。TCP/IP 是美国国防部高级计划研究局 DARPA 为实现 ARPAnet 而开发的，也是很多大学及研究所多年的研究及商业化的结果。目前，众多网络产品厂家都支持 TCP/IP，TCP/IP 已成为一个事实上的工业标准。

TCP/IP 以其两个主要协议传输控制协议（TCP）和网络互连协议（IP）而得名，实际上是由一组具有不同功能且互为关联的协议构成的。由于 TCP/IP 可以看作多个独立定义的协议集合，因此也被称为 TCP/IP 协议簇。

TCP/IP 参考模型与 ISO 的 OSI 七层参考模型的对应关系如图 7-14 所示。TCP/IP 参考模型从更实用的角度出发，形成了高效的四层体系结构，即网络接口层、网际层、传输层和应用层。

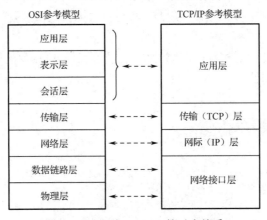

图 7-14　OSI 与 TCP/IP 的对应关系

2. 各层服务概述

（1）网络接口层。

这是 TCP/IP 参考模型的最低一层，包括多种逻辑链路控制和媒体访问协议。TCP/IP 参考模型并未对这一层做具体的描述，只指出主机必须通过某种协议连接到网络，才能发送 IP 分组，该层中所使用的协议大多是各通信子网固有的协议。

（2）网际层。

网际层也称 IP 层或网络互连层，是 TCP/IP 参考模型的关键部分。该层的主要功能是负责相同或不同网络中计算机之间的通信，主要处理数据报和路由。

IP 层的主要功能包括 3 个方面。①处理来自传输层的分组发送请求：将分组装入 IP 数据报，填充报头，选择去往目的节点的路径，然后将数据报发往适当的网络接口。②处理输入数据报：首先检查数据报的合法性，然后进行路由选择，如果该数据报已到达目的节点，则去掉报头，将 IP 报文的数据部分交给相应的传输层协议；如果该数据报尚未到达目的节点，则转发该数据报。③处理 ICMP 报文：即处理网络的路由选择、流量控制和拥塞控制等问题。TCP/IP 参考模型的 IP 层在功能上非常类似于 OSI 参考模型中的网络层。

（3）传输层。

传输层的作用是在源节点和目的节点的两个进程实体之间提供可靠的端到端的数据传输。为了保证数据传输的可靠性，传输层协议规定接收端必须发回确认，并且假定分组丢失，必须重新发送。

该层提供 TCP（Transmission Control Protocol，传输控制协议）和 UDP（User Datagram Protocol，用户数据报协议）两个协议，它们都建立在 IP 的基础上。TCP 是一个可靠的、面向连接的传输层协议，它将某节点的数据以字节流的形式无差错地传送到互联网的任何一台机器上。发送方的 TCP 将用户交来的字节流划分成独立的报文，并交给 IP 层进行发送，而接收方的 TCP 将接收的报文重新组装交给接收用户。UDP 是一个不可靠的、无连接的传输层协议，提供简单的无连接服务。

（4）应用层。

TCP/IP 参考模型中没有会话层与表示层。OSI 模型的实践发现，大部分的应用程序不涉及这两层，故 TCP/IP 参考模型不予考虑。在传输层之上就是应用层，它包含所有的高层协议。早期的高层协议包括远程登录（Telnet）、文件传输协议（FTP）、电子邮件传输协议（SMTP）。

7.2.3 IP 地址与域名

Internet 由许多小网络组成，要传输的数据通过共同的 TCP/IP 进行传输。传输中的一个重要问题就是传输路径的选择，也就是路由选择。简单来说，通信双方需要知道由谁发出数据及要传送给谁，网际协议地址（IP 地址）解决了这一问题。

1. 主机 IP 地址

Internet 上的每台计算机都被赋予了一个唯一的 32 位 Internet 地址，简称 IP 地址，这一地址可用于与该计算机有关的全部通信。

IP 地址由两部分组成，如图 7-15 所示，其中，网络地址用来标识该计算机属于哪个网络，主机地址用来标识该网络上的计算机。

图 7-15　IP 地址的结构

　　IP 地址被封装在数据包的 IP 报头中，供路由器在网间寻址时使用。因此，网络中的每个主机，既有自己的 MAC 地址，又有自己的 IP 地址，如图 7-16 所示。MAC 地址用于网段内寻址，IP 地址用于网段间寻址。

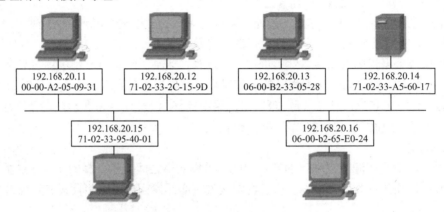

图 7-16　每台主机需要有一对地址

　　一个 IP 地址由 4 字节、共 32 位的二进制数字串组成，这 4 字节通常用圆点分成 4 组。为了便于记忆，通常把 IP 地址写成 4 组用小数点隔开的十进制整数。例如，某台主机的 IP 地址为 11010010.00101010.10111111.00000100，用十进制数表示就是 210.42.159.4。

　　为了便于对 IP 地址进行管理，充分利用 IP 地址以适应主机数目不同的各种网络，对 IP 地址进行了分类，共分为 A、B、C、D、E 五类地址，如表 7-1 所示。

表 7-1　IP 地址的分类及说明

位	0	1	2	3	4	5	6	7	8 15	16 23	24 31
A 类	0	网络 ID，占 7 位							主机 ID，占 24 位		
B 类	1	0	网络 ID，占 14 位							主机 ID，占 16 位	
C 类	1	1	0	网络 ID，占 21 位							占 8 位
D 类	1	1	1	0	多点广播地址，占 28 位						
E 类	1	1	1	1	0	留作实验或将来使用					

　　A 类地址由 1 字节的网络地址和 3 字节的主机地址组成，网络地址的最高位必须是"0"。B 类地址由 2 字节的网络地址和 2 字节的主机地址组成，网络地址的最高两位必须是"10"。C 类地址由 3 字节的网络地址和 1 字节的主机地址组成，网络地址的最高三位必须是"110"。D 类地址被称为组播地址，以"1110"开头。E 类地址是保留地址，以"11110"开头，主要为将来使用保留。目前，在互联网中大量使用的是 A 类、B 类、C 类 3 种。

　　将 IP 地址表示为十进制后，其取值范围为 0.0.0.0～255.255.255.255，A 类、B 类、C 类地址的取值范围如表 7-2 所示。

表 7-2 IP 地址的取值范围

地址类别	取值范围
A 类	0.0.0.0～127.255.255.255
B 类	128.0.0.0～191.255.255.255
C 类	192.0.0.0～233.255.255.255

A 类地址通常分配给大型网络，因为 A 类地址的主机位有 3 字节的主机编码位，提供多达 1600 万个 IP 地址给主机。也就是说，61.0.0.0 这个网络可以容纳多达 1600 万台主机。全球一共只有 126 个 A 类网络地址，目前已经没有可以分配的 A 类地址。当你使用 IE 浏览器查询一个国外网站时，观察左下方的地址栏，可以看到一些网站分配了 A 类 IP 地址。

B 类地址通常分配给大机构和大型企业，每个 B 类网络地址可提供 65 536 个 IP 主机地址。全球一共有 16 384 个 B 类网络地址。

C 类地址用于小型网络，大约有 200 万个 C 类地址。C 类地址只用 1 字节来表示这个网络中的主机，因此，每个 C 类网络地址只能提供 254 个 IP 主机地址。

除了上面的地址划分，TCP/IP 还规定了几种特殊地址，这些地址有特殊用途。

● IP 地址主机 ID 设置为全"1"的地址称为广播地址，用于对应网络的广播通信。

● IP 地址主机 ID 设置为全"0"的表示是该计算机所在的网络，称为网络地址。

● A 类网络地址 127 是一个保留地址，用于网络软件测试及本地进程间的通信，称为回送地址。

2. 子网掩码

如果你们单位申请获得一个 B 类网络地址 172.50.0.0，你们单位所有主机的 IP 地址就将在这个网络地址里分配，如 172.50.0.1、172.50.0.2、172.50.0.3…那么这个 B 类地址能为多少台主机分配 IP 地址呢？我们看到，一个 B 类 IP 地址用 2 字节作主机地址编码，因此可以编出 $2^{16}-2$ 个，即六万多个 IP 地址编码。（计算 IP 地址数量时减 2，是因为网络地址 172.50.0.0 和这个网络内的广播 IP 地址 172.50.255.255 不能分配给主机。）

能想象六万多台主机在同一个网络内的情景吗？它们在同一个网段内的共享介质冲突和它们发出的类似 ARP 这样那样的广播会让网络根本就工作不起来。

因此，需要把 172.50.0.0 网络进一步划分成更小的子网，以便在子网之间隔离介质访问冲突和广播报。

将一个大的网络进一步划分成一个个小的子网的另外一个目的是网络管理和网络安全的需要。我们总是把财务部、档案部的网络与其他网络分割开来，外部进入财务部、档案部的数据通信应该受到限制才对。

为了给子网编址，我们需要设计一种辅助编码，用这个编码来告诉别人子网地址是什么，这个编码就是掩码。一个子网的掩码是这样编排的：用 4 字节的点分二进制数来表示时，其网络地址部分全置为 1，它的主机地址部分全置为 0。

子网掩码和 IP 地址一样，也是一个 32 位的二进制数，用圆点分隔成 4 组。子网掩码规定，IP 地址的网络标识和子网标识部分用二进制数 1 表示，主机标识部分用二进制数 0 表示。利用 IP 地址与子网掩码进行对应位的逻辑"与"运算，即可方便地得到网络地址。通过网络地址可以在互联网中找到目的计算机所在的网络，进而完成对计算机的寻址。A 类、B 类、C 类地址对应的默认子网掩码如表 7-3 所示。

表 7-3　A 类、B 类、C 类地址对应的默认子网掩码

地址类别	子网掩码的二进制形式	十进制形式
A 类	11111111.00000000.00000000.00000000	255.0.0.0
B 类	11111111.11111111.00000000.00000000	255.255.0.0
C 类	11111111.11111111.11111111.00000000	255.255.255.0

3. 域名地址

尽管 IP 地址能够唯一地标识网络上的计算机，但 IP 地址是数字型的，用户记忆这类数字十分不方便。为了便于记忆和表达，又引入了另一套字符型的地址方案，即域名地址。

域名的层次化不仅能使域名表达更多的信息，而且也为 DNS 域名解析带来方便。域名解析是依靠一种庞大的数据库完成的。数据库中存放了大量域名与 IP 地址对应的记录。DNS 域名解析本来就是网络为了方便使用而增加的，需要高速完成。层次化可以为数据库在大规模的数据检索中加快检索速度。

域名即站点的名字，从技术上讲，域名只是 Internet 中用于解决地址对应问题的一种方法。域名采用层次结构，每一层构成一个子域名，子域名之间用圆点隔开。域名的一般格式：

主机名.机构名称.组织结构.国家或地区代码

顶级域名通常具有最普通的含义，部分顶级域名如表 7-4 所示。

表 7-4　部分顶级域名

域名	组织机构	域名	国家代码
edu	教育机构	cn	中国
com	商业机构	fr	法国
gov	政府机构	tw	中国台湾
int	国际性组织	jp	日本
mil	军事单位	uk	英国
net	网络管理机构	au	澳大利亚
org	其他机构	hk	中国香港

如果应用程序得到的是目标主机的域名而不是它的 IP 地址，就需要调用 TCP/IP 中应用层的 DNS 程序将目标主机的域名解析为它的 IP 地址。

一台主机为了支持域名解析，就需要在配置中指明为自己服务的 DNS 服务器。如图 7-17 所示，主机 A 为了解析一个域名，把待解析的域名发送给自己机器配置指明的 DNS 服务器。一般都是配置指向一个本地的 DNS 服务器。本地 DNS 服务器收到待解析的域名后，便查询自己的 DNS 解析数据库，将该域名对应的 IP 地址查到后，发还给 A 主机。

7.2.4　接入 Internet

要访问 Internet 上的资源，要先把计算机接入 Internet。接入 Internet 的方式有很多种，目前，常用的宽带网接入方式包括 ADSL 宽带接入、LAN 接入、光纤到户、无线接入等。

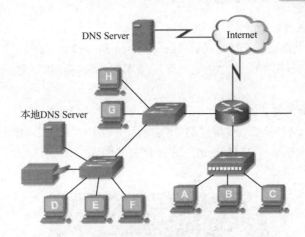

图 7-17　DNS 的工作原理

1. ADSL 宽带接入

ADSL 是以普通电话线作为传输介质的宽带接入技术。ADSL（Asymmetric Digital Subscriber Line）是非对称数字线路的缩写，是在普通电话线上传输高速数字信号的技术。利用普通电话线 4kHz 以上频段，在不影响 3kHz 以下频段原有语音信号的基础上传输数据信号，扩展了电话线路的功能，是一种新的在传统电话电缆上同时传输电话业务与数据信号的技术。速度非对称型铜线接入网技术 ADSL，可以在一条电话线上进行上行（从用户端到互联网）640kbps～1.0Mbps，下行（从互联网到用户端）1～8Mbps 速率的数据传输，传输距离可达到 3～5km 且不用中继放大。由于 ADSL 这种传输速率上非对称的特性与 Internet 访问数据流量非对称性的特点，所以是众多 xDSL 技术中非常普及的高速 Internet 接入技术，如图 7-18 所示。

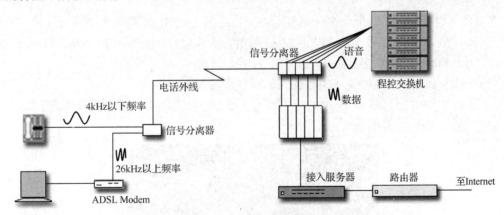

图 7-18　ADSL 的体系结构

ADSL 的优势：

① 利用覆盖最广的电话网将主机或多台主机连接到 Internet 上。

② 获得远高于传统电话 Modem 的传输带宽。

③ 数据通信时不影响语音通信。

要使用 ADSL 方式上网，需要进行的准备工作包括申请账号、准备设备、安装设备和进行计算机设置。

（1）申请 ADSL 账号。

用户需要到互联网接入服务商处（Internet Service Provider，ISP）填写申请表，获得一个 ADSL 账号，包括用户名和密码。常见的互联网接入服务商有电信、移动、联通等。

（2）安装设备。

要准备的设备包括计算机、网卡、电话线路、ADSL Modem、语音分离器和网线。目前，绝大多数计算机都集成有网卡，不需要另行购买。在你申请 ADSL 账号后，ISP 会派工作人员上门进行安装，并带来 ADSL Modem、语音分离器和相关网线，ADSL 上网设备如图 7-19 所示。

图 7-19　ADSL 上网设备

ADSL 上网设备的安装方法如下。

① 把入户电话线插入语音分离器的 Line 口。

② 用电话线连接电话机和语音分离器的 Phone 口。

③ 用电话线连接 ADSL Modem 的 ADSL 口和语音分离器的 Modem 口。

④ 用网线连接 ADSL Modem 的 LAN 口和计算机的网卡接口。

（3）建立 ADSL 连接。

连接硬件设备后，可以在计算机上创建 ADSL 连接。ADSL 连接类型主要有两种，即专线方式（固定 IP）和虚拟拨号方式（动态 IP）。目前，个人用户一般采用 PPPOE（Point-to-Point Protocol Over Ethernet）虚拟拨号方式。

在 Windows 10 系统中创建 ADSL 连接的操作步骤如下。

① 在桌面上的"开始"菜单中选择"设置"命令，如图 7-20 所示，即可弹出如图 7-21 所示的"设置"窗口主界面。

图 7-20　选择"设置"命令

② 单击"网络和 Internet"图标，弹出如图 7-22 所示的"网络和 Internet"设置界面。

③ 选择左侧的"以太网"菜单项，然后在右侧找到并单击"网络和共享中心"链接，弹出如图 7-23 所示的窗口。

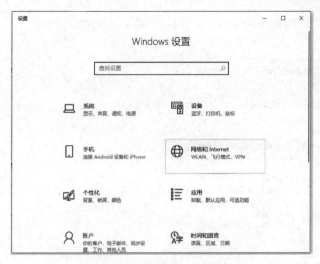

图 7-21 "设置"窗口主界面

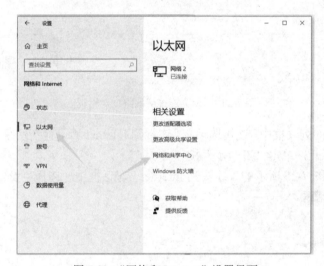

图 7-22 "网络和 Internet"设置界面

图 7-23 "网络和共享中心"窗口

④ 单击"设置新的连接或网络"，弹出如图 7-24 所示的对话框。

图 7-24 "设置连接或网络"对话框

⑤ 在该对话框的列表框中，连接选项有"连接到 Internet""设置新网络""连接到工作区"，选择"连接到 Internet"，单击"下一步"按钮。

⑥ 在弹出的如图 7-25 所示的"连接到 Internet"对话框中，选择"设置新连接(S)"，弹出如图 7-26 所示的对话框。

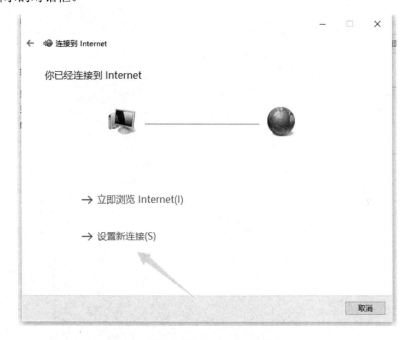

图 7-25 "连接到 Internet"对话框（1）

图 7-26 "连接到 Internet" 对话框（2）

⑦ 选择 "宽带(PPPoE)(R)"，在弹出的如图 7-27 所示的对话框中输入宽带的 "用户名" 和 "密码"。宽带的用户名和密码是入网时，网络服务商提供给用户的。

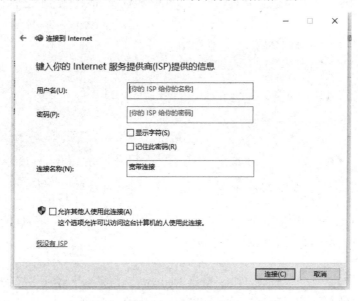

图 7-27 "连接到 Internet" 对话框（3）

⑧ 单击 "连接" 按钮，如果线路有问题或者故障，计算机端会出现错误代码及提示。连接完成后，桌面右下角的 "本地连接" 中会出现 "宽带连接"。

2. 光纤到户

光纤到户（Fiber To The Home，FTTH，或 Fiber To The Premises）是一种光纤通信的传输方法，是指直接把光纤接到用户的家中（用户所需的地方）。具体来说，FTTH 是指将光网络单元（ONU）安装在住家用户或企业用户处，是光接入系列中除了 FTTD（光纤到桌面）最靠近用户的光接入网应用类型。FTTH 不但提供了更大的带宽，而且增强了网络对数据格式、速率、波长和协议的透明性，放宽了对环境条件和供电等的要求，简化了维护和安装。

3. 无线接入

无线接入是对有线宽带接入的延伸和补充。它不再使用通信电缆来连接计算机和网络，而是通过无线的方式连接，使网络的构建和终端的移动更加灵活。一般认为，只要上网终端没有连接有线线路，都称为无线上网。

根据传输距离的长短，无线上网的方式主要有两种，即通过无线局域网（Wireless Local Area Network，WLAN）接入和通过无线广域网（Wireless Wide Area Network，WWAN）接入。

（1）WLAN。

多数家庭网络使用 WLAN 连接，其距离通常在几十米到几百米的范围内。WLAN 接入首先需要为计算机安装一块无线网卡（具有无线连接功能的普通网卡），然后将该计算机与无线 AP（主要指无线交换机）或无线宽带路由器互连。无线 AP 或无线宽带路由器通过 ADSL 或小区宽带（LAN）与 Internet 互连。

下面以组建一个有线/无线混合局域网为例，介绍 WLAN 接入方法。这种方法，也可以实现在家里或办公室里共享上网。

需要的硬件设备有：无线宽带路由器 1 个，带水晶头的网线若干条，各计算机都配有网卡或无线网卡，上网线路一条。上网线路可以是 ADSL 上网或者 LAN 上网。有线/无线混合局域网的连接效果如图 7-28 所示。无线宽带路由器通常有天线、一个 WAN 接口和 4 个 LAN 接口，不仅可以实现无线连接，还可以实现有线连接，用户根据实际情况进行选择即可。

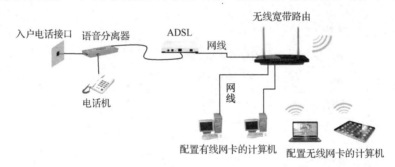

图 7-28　有线/无线混合局域网的连接效果

目前，WLAN 的推广和认证工作主要由产业标准组织 Wi-Fi（Wireless Fidelity，无线保真）联盟完成，所以 WLAN 技术常常被称为 Wi-Fi。

（2）WWAN。

WWAN 无线广域网（Wireless Wide Area Network）是采用无线网络把物理距离极为分散的局域网（LAN）连接起来的通信方式。WWAN 连接地理范围较大，常常是一个国家或一个洲。其目的是让分布较远的各局域网实现互连，它的结构分为末端系统（两端的用户集合）和通信系统（中间链路）两部分。IEEE 802.20 标准是 WWAN 的一个已经夭折的技术标准。IEEE 802.20 是由 IEEE 802.16 工作组于 2002 年 3 月提出的，IEEE 为此成立了专门的工作小组。IEEE 802.20 是为了实现高速移动环境下的高速率数据传输，以弥补 IEEE 802.1x 协议族在移动性上的劣势。IEEE 802.20 技术可以有效解决移动性与传输速率相互矛盾的问题，它是一种适用于高速移动环境下的宽带无线接入系统空中接口规范，如图 7-29 所示。

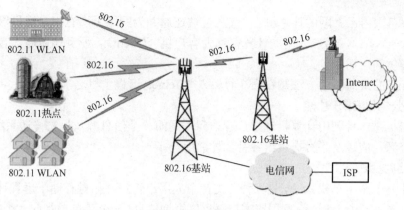

图 7-29 无线广域网

7.2.5 Internet 的基本服务

Internet 是一个庞大的网络，它通过全球的信息资源和入网国家的数百万个网点，向人们提供各种信息资源。由于 Internet 本身的开放性、广泛性和自发性，可以说，Internet 上的信息资源是无限的。

Internet 主要提供以下几种类型的服务来帮助用户完成相关任务。

1. WWW 超文本链接

万维网（World Wide Web，WWW）简称 Web，是全球网络资源。Web 最初是欧洲核子物理研究中心开发的，是近年来 Internet 取得的最为激动人心的成就。Web 最主要的两项功能是读取超文本（Hypertext）文件和访问 Internet 资源。

2. FTP 服务

FTP（File Transport Protocol，文件传输协议）是在 Internet 上把文件准确无误地从一个地址传输到另一个地址。除此之外，FTP 还提供登录、目录查询、文件操作、命令执行及其他会话控制功能。利用 Internet 进行交流时，经常要传输大量数据或信息，所以文件传输是 Internet 的主要用途之一。

3. 电子邮件服务

电子邮件又称电子信箱，是一种以计算机网络为载体的信息传输方式。电子邮件与普通邮政系统传递信件的方式类似，如果用户想给朋友发送一封邮件，要先在邮件客户端写好信件内容，再写上朋友的邮件地址，最后发送。发送的过程中，可能要经过 Internet 中的多个邮件服务器进行转发，最终到达朋友信箱的邮件服务器中。电子邮件不仅可以发送文本信息，还可以发送图形图像、声音、动画等各种数据。

虽然不同的电子邮件程序使用的方法会稍有不同，但地址格式是统一的。Internet 统一使用 DNS 来确定信息的地址，因而 Internet 中所有的邮件地址都具有相同的格式：

用户名称@主机名称

如 favto@163.com，其中"favto"是用户名，"163.com"是主机名。

4. Telnet 远程登录

Telnet 的主要作用是实现在一端管理另一端。它可以使用户坐在已上网的计算机前，通过网络进入另一台已上网的计算机，使它们互相连通。这种连通可以对在同一房间里的计算机，也可以对世界范围内已上网的计算机。习惯上把被连通并为网络上所有用户提供服务的计算机称为服务器（Servers），用户使用的计算机称为客户机（Client）。一旦连通后，客户机即可得到服务器所提供的一切服务。

使用 Telnet 的最简单的方法是在命令行输入"Telnet 远程主机名"。

5. 电子公告板 BBS 功能

电子公告板是一种利用计算机通过远程访问得到的一个信息源及报文传送系统。BBS 能够把多种共享资源、信息及联机提供给各种各样的用户。

6. 信息浏览服务

信息浏览是一个菜单式系统，是一种可支持个人用户查找并估量存储于远程计算机上的信息的联机服务类型。用户通过信息浏览客户端程序查询信息，一个菜单项指向一个文件和路径。

7. 文件查找（Archie）服务

文件查找服务支持用户搜索在远程计算机上的专门信息。通常 Archie 用于查找匿名 FTP 服务器上的文件和程序。Archie 工具由若干位于美国和世界不同地区的 Archie 服务器组成。

8. 广域信息服务（WAIS）

广域信息服务 WAIS 又称自动内容搜索服务。WAIS 是一种用于 Internet 上查询文档的搜索系统。用户通过 WAIS 可以查询并调阅文档全文。

7.3　上网操作

Internet 为用户提供了各种各样的服务，进入 Internet 后，可以利用它里面无穷无尽的资源，与世界各地的人们自由通信和交换信息。

下面简单介绍几种比较常用的上网操作。

7.3.1　Microsoft Edge 浏览器的使用

Microsoft Edge 浏览器是 Microsoft 公司开发的 WWW 浏览器软件，内置于 Windows 10 操作系统中，是目前的主流浏览器软件之一。使用 Microsoft Edge 浏览器可以实现网页浏览、文件下载、电子邮件收发等。

1. 网页浏览操作

想要打开某个网页，双击 Windows 桌面上的 Microsoft Edge 浏览器图标即可打开该浏览器网页，如图 7-30 所示，在地址栏中输入想要访问的网页的网址，按回车键即可打开相应的网页。

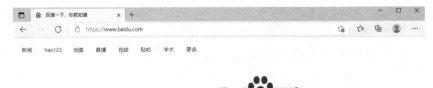

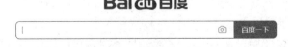

图 7-30　Microsoft Edge 浏览器网页

在浏览页面时想要保存页面中的某张图片，可将鼠标光标移至该图片上并右击，在弹出的快捷菜单中选择"图片另存为"命令，弹出"保存图片"对话框，选择图片的保存位置、文件名、保存类型，就可以完成图片的获取。如图 7-31 所示为 Microsoft Edge 浏览器的"设置"菜单。

图 7-31　Microsoft Edge 浏览器的"设置"菜单

2. Microsoft Edge 的主要功能

（1）在地址栏中快速搜索。

无须转到网站，在地址栏中即可搜索可爱企鹅的图片。保持原位，可通过在地址栏中输入搜索内容来节省时间，可获得搜索建议、来自 Web 的搜索结果、你的浏览历史记录和收藏夹。

（2）"中心"将你所有的内容存于一处。

将"中心"看作是 Microsoft Edge 存储你在 Web 上保存的内容和执行操作的地方。选择"中心"可以查看你的收藏夹、阅读列表、浏览历史记录和当前的下载。

（3）在 Web 上写入相关内容。

Microsoft Edge 是唯一一款能够让你直接在网页上记笔记、书写、涂鸦和突出显示的浏览器。在屏幕上直接将几个秘密调料添加到食谱中，可以与你的业余厨师好友分享，与你的同事协作处理新的项目。

选择"做 Web 笔记"，可以将其添加到你所在的页面。使用"笔"可以借助触屏或鼠标写入相关内容，可以使用"突出显示"或使用"键入"来编写一个笔记。

（4）让阅读始终伴你左右。

只需选择"添加到收藏夹和阅读列表""阅读列表"，然后选择"添加"，当你准备好阅读时，先转到"中心"，再选择"阅读列表"。

（5）阅读时干扰更少。

若要获得简洁的布局，可在地址栏中选择"阅读视图"，然后选择"更多"→"设置"。

7.3.2　Internet 的其他应用

在 Internet 中，除了上面介绍的上网操作，还有一些其他的常用服务，下面简单介绍几种。

1. 电子商务

电子商务（Electronic Commerce）通常是指在 Internet 开放的网络环境下，基于浏览器/服务器应用方式，买卖双方不用见面就可以进行各种商贸活动，实现消费者的网上购物、商户之间的网上交易和在线电子支付，以及各种商务活动、交易活动、金融活动和相关的综合服务活动的一种新型的商业运营模式。近几年来，电子商务在国内飞速发展，吸引了越来越多的用户。国内比较著名的电子商务网站有淘宝、京东商城等。

2. 物联网

物联网作为信息网络未来的趋势和发展的一部分，已经开始重塑世界格局和社会生活方式。顾名思义，物联网（Internet of Things）是物物相连的互联网。物联网的核心和基础仍然是互联网，但其用户端扩展到了任何物品与物品之间。物联网是一个巨大的网络，它通过射频识别（Radio Frequency Identification，RFID）装置、红外感应器、全球定位系统、激光扫描器等信息传感设备，把任何物品与互联网相连接，并采集各种需要的信息，如声、光、热、电、力学、化学、生物、位置等，从而实现对物体的智能化识别和管理。

3. 云计算

云计算（Cloud Computing）是分布式处理、并行处理、网格计算、网络存储和负载均衡等传统计算机技术和网络技术发展融合的产物。"云"是指可以自我维护和管理的虚拟计算资源，主要是大型服务器集群，包括计算服务器、存储服务器和宽带资源等。云计算是基于互联网的超级计算模式，它把存储于个人计算机、移动电话和其他设备上的大量信息和处理器资源集中在一起，通过软件实现自动管理，无须人来管理。

7.4　计算机与信息安全

现代信息社会的飞速发展，是以计算机及计算机网络的飞速发展为标志的。计算机和计算机网络为人们的生活和工作提供了越来越丰富的信息资源。但同时，人们所面对的信息环境也越来越复杂。现代计算机系统、网络系统的安全性和抵抗攻击的能力不断受到挑战。这种情况一方面需要新的安全技术出现，另一方面也要求计算机用户能够树立信息安全意识，了解必要的信息安全知识和掌握常规的安全操作手段。

7.4.1　计算机安全设置

对于广大的个人计算机用户而言，如何在当前的网络环境中有效地保护自己的重要信息是很重要的。解决这个问题应该从三方面加以控制。其一是对所使用的操作系统进行相关的安全设置，使其能最大限度地发挥安全保护作用；其二是严格控制出入网络的信息；其三是通过最新的防病毒软件，查杀计算机病毒。

1. 操作系统的安全设置

（1）删除多余的用户。

打开控制面板→管理工具→计算机管理→本地用户和组→用户，只保留 Administrator 用户，将其他用户都删除。需要注意的是，一定要使用不易破解的密码。

（2）关闭共享文件和目录。

Windows 中的"网上邻居"在给用户带来方便的同时也带来安全隐患，一些特殊的软件可以搜索到网上的"共享"目录而直接访问对方的硬盘，从而使别有用心的人可以控制用户的机器。因此，应该关闭共享文件和目录。如果用户必须使用共享服务，则不要把整个驱动器共享，仅将那些有必要共享的文件设为共享。

（3）及时安装操作系统补丁。

任何一种软件都在不停地进行升级，这是因为软件都有不完善之处，包括存在一些安全漏洞。因此，安装软件开发商提供的补丁程序是十分必要的。

2. 控制出入网络的信息

为了保护网络中的信息安全，可以在计算机中安装个人版的防火墙软件，如天网防火墙。通过防火墙，可以设置一些相应的包过滤规则，并关闭一些不必要的端口。

3. 查杀计算机病毒

安装防病毒软件，更新病毒信息，升级防病毒功能，全面查杀病毒。

7.4.2 计算机病毒及防范

计算机病毒是一种人为制造的、在计算机运行中对计算机信息或系统起破坏作用的程序。这种程序隐蔽在其他可执行程序中，轻则影响计算机的运行速度，重则使计算机完全瘫痪，给用户带来不可估量的损失。

1. 计算机病毒的表现形式

- 计算机不能正常启动。开机后不能启动，或者可以启动，但启动所需的时间比原来长。
- 运行速度降低。计算机运行比平常迟钝，反应变得相当缓慢并经常出现莫名其妙的蓝屏或死机。
- 系统内存或磁盘空间忽然迅速变小。有些病毒会消耗可观的内存或硬盘容量，曾经执行过的程序，再次执行时，突然告诉用户没有足够的内存可以使用，或者硬盘空间突然变小。
- 文件内容和长度有变化。正常情况下，这些程序应该维持固定的大小，但有些病毒会增加程序文件的大小，使文件内容加上一些奇怪的资料。
- 经常出现死机现象。正常的操作是不会造成死机的，如果计算机经常死机，那么可能是系统被病毒感染了。
- 外部设备工作异常。
- 出现意外的声音、画面或提示信息及不寻常的错误信息和乱码。当这种信息频繁出现时，表示系统可能中毒了。

2. 计算机病毒的预防

要有预防病毒的意识，并充分发挥防病毒软件的防护能力，就可以将大部分病毒拒之门外。要安装防病毒软件，还要及时升级防病毒软件，因为最新的防病毒软件才是最有效的。要养成定期查杀病毒的习惯。凡是从外来的存储设备上向计算机中复制信息，都应该先对存储设备进行杀毒，若有病毒必须清除。一定要从比较可靠的站点进行软件的下载，对于 Internet 上的文档与电子邮件，下载后要进行病毒扫描。

7.4.3　网络及信息安全

信息安全是指向合法的服务对象提供准确、及时、可靠的信息服务，而对其他人员都要保持最大限度的信息不透明性、不可获取性、不可干扰性和不可破坏性。现在人们对信息安全问题的讨论，通常是指依附于网络系统环境的信息安全问题，也就是网络安全问题。从广义上来说，凡是涉及网络上信息的保密性、完整性、可用性、真实性和可控性的相关技术和理论，都是网络安全的研究领域。目前，在市场上比较流行而又能代表未来发展方向的安全产品，大致有防火墙、虚拟专用网（VPN）、入侵检测系统（IDS）、入侵防御系统（IPS）、安全操作系统等。

第8章

数据库技术应用基础

计算机在处理现实世界中的形形色色的数据时，需要对它们进行分类、组织、编码、存储、检索和维护，即进行数据管理，以提高办事效率。当数据量非常大时，数据库管理就显得尤为重要。特别是随着互联网技术的发展，越来越多的应用领域采用数据库技术存储和处理信息资源，广大用户可以直接访问并使用数据库。例如，网上购物，网上购买火车票、电影票，通过网络银行转账和存取款，在网上选课和查询课表等，数据库已经成为每个人生活中不可缺少的部分。

8.1　数据库基础

8.1.1　数据库的基本概念

数据、数据库、数据库管理系统和数据库系统是与数据库技术密切相关的4个基本概念。

1. 数据（Data）

在计算机科学中，数据是指所有能输入计算机中并被计算机程序处理的符号的介质的总称，是用于输入电子计算机进行处理，具有一定意义的数字、字母、符号和模拟量等的通称。数字是最简单、最常见的一种数据。除此之外，数据还有多种表现形式，如文本、图形、图像、音频、视频等，它们都可以经过数字化以后成为存入计算机中的数据。

数据的表现形式还不能完全表达其内容，需要经过解释。例如，100是一个数据，可以是某门课程的分数，也可以是某个人的体重，还可以是参加某次活动的学生人数。数据的含义称为数据的语义，数据与其语义是不可分的。

数据经过加工后就成为信息。所有信息都是数据，而只有经过提炼和抽象之后具有使用价值的数据才能成为信息。经过加工所得到的信息仍然以数据的形式出现，此时的数据是信息的载体，是人们认识信息的一种媒介。

2. 数据库（Database，DB）

数据库是存放数据的仓库。它的存储空间很大，可以存放百万条、千万条、上亿条数据。但是数据库并不是随意地将数据进行存放，是有一定规则的，否则查询的效率会很低。当今世界是一个充满数据的互联网世界，其中充斥着大量数据。从某种角度来说，互联网世界就是数据世界。

数据库是一个按数据结构来存储和管理数据的计算机软件系统。数据库的概念实际上包括两层意思：

① 数据库是一个实体，它是能够合理保管数据的仓库，用户在该仓库中存放要管理的事务数据，"数据"和"库"两个概念结合成为数据库。

② 数据库是数据管理的一种方法和技术，它能更合适地组织数据、更方便地维护数据、更严密地控制数据和更有效地利用数据。

3. 数据库管理系统（Database Management System，DBMS）

数据库管理系统是一种操纵和管理数据库的大型软件，用于建立、使用和维护数据库。它对数据库进行统一管理和控制，以保证数据库的安全性和完整性。用户通过 DBMS 访问数据库中的数据，数据库管理员通过 DBMS 进行数据库的维护工作。它可以支持多个应用程序和用户用不同的方法在同时刻或不同时刻建立、修改和访问数据库。大部分 DBMS 提供数据定义语言 DDL（Data Definition Language）和数据操作语言 DML（Data Manipulation Language），供用户定义数据库的模式结构与权限约束，实现对数据的追加、删除等操作。市场上比较流行的数据库管理系统主要出自 Oracle、IBM、Microsoft、Sybase、MySQL 等公司。

4. 数据库系统（Database System，DBS）

数据库系统通常由软件、数据库和数据管理员（Database Administrator，DBA）组成。软件主要包括操作系统、各种宿主语言、实用程序以及数据库管理系统；数据库由数据库管理系统统一管理，数据的插入、修改和检索都要通过数据库管理系统进行；数据管理员负责创建、监控和维护整个数据库，使数据能被任何有权使用的人有效使用。

数据库系统的组成如图 8-1 所示，其中，数据库提供数据的存储功能，数据库管理系统提供数据的组织、存取、管理和维护等基础功能，数据库应用系统根据应用需求使用数据库，数据库管理员负责全面管理数据库系统。

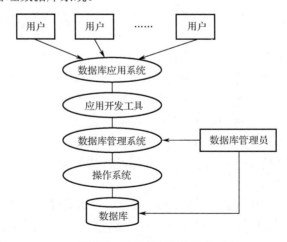

图 8-1　数据库系统的组成

在一般不引起混淆的情况下，人们常把数据库系统简称为数据库。

8.1.2 数据管理技术的发展

数据管理技术是因为数据管理的需要而产生的。数据管理是指对数据进行分类、组织、编码、存储、检索和维护。

在应用需求的推动下，在计算机硬件、软件发展的基础上，数据管理技术经历了人工管理阶段、文件管理阶段、数据库系统管理阶段 3 个阶段。

（1）人工管理阶段。

20 世纪 50 年代中期以前，数据管理由人工完成。该阶段的计算机系统主要应用于科学计算，还没有应用于数据的管理。在程序设计时，不仅需要规定数据的逻辑结构，还要通过代码实现数据的物理结构（如存储结构、存取方法等）。当数据的物理组织或存储设备改变时，应用程序必须重新编制，对数据的管理不具有独立性。数据的组织是面向应用的，但应用程序之间无法共享数据资源，存在大量的重复数据，难以维护应用程序之间的数据一致性。在人工管理阶段，应用程序与数据之间的对应关系如图 8-2 所示。

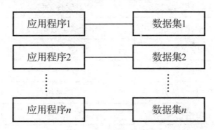

图 8-2　人工管理阶段应用程序与数据之间的对应关系

（2）文件管理阶段。

20 世纪 50 年代后期到 60 年代中期，数据管理技术进入文件管理阶段。该阶段的计算机系统由文件系统管理数据存取。程序和数据是分离的，数据可长期保存在外设上，以多种文件形式组织。数据的逻辑结构与存储结构之间有一定的独立性。在该阶段实现了以文件为单位的数据共享，但未能实现以记录或数据项为单位的数据共享，数据的逻辑组织还是面向应用的，因此在应用之间还存在大量的冗余数据。文件管理阶段应用程序与数据之间的对应关系如图 8-3 所示。

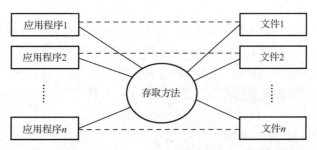

图 8-3　文件管理阶段应用程序与数据之间的对应关系

（3）数据库系统管理阶段。

20 世纪 60 年代后期，数据管理技术进入数据库系统管理阶段。该阶段的计算机系统广泛应用于企业管理，需要有更高的数据共享能力，程序和数据必须具有更高的独立性，从而减少应用程序研制和维护的费用。数据库系统是在操作系统的文件系统基础上发展起来的，它将一个单位或一个部分所需的数据综合地组织在一起，构成数据库。由数据库管理系统实现对数据库的定义、操作和管理。数据库系统管理阶段应用程序与数据之间的对应关系如图 8-4 所示。

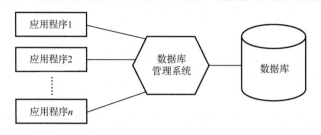

图 8-4　数据库系统管理阶段应用程序与数据之间的对应关系

数据管理 3 个阶段的背景及特点比较如表 8-1 所示。

表 8-1　数据管理 3 个阶段的背景及特点比较

		人工管理阶段	文件管理阶段	数据库系统管理阶段
背景	应用背景	科学计算	科学计算、数据管理	大规模数据管理
	硬件背景	无直接存取存储设备	磁盘、磁鼓	大容量磁盘、磁盘阵列
	软件背景	没有操作系统	有文件系统	有数据库管理系统
特点	数据的管理者	用户（程序员）	文件系统	数据库管理系统
	数据面向的对象	某一应用程序	某一应用	一个部门、企业、组织等
	数据的共享程度	不共享，冗余度极大	共享性差，冗余度大	共享性高，冗余度小
	数据的独立性	不独立，完全依赖于程序	独立性差	具有高度的物理独立性和一定的逻辑独立性
	数据的结构化	无结构	记录内有结构，整体无结构	整体结构化，用数据模型描述
	数据的控制能力	应用程序自己控制	应用程序自己控制	由数据库管理系统提供

8.1.3　数据库系统的特点

与人工管理和文件系统相比，数据库系统的特点主要有以下几个方面。

1. 数据结构化

这是数据库系统与文件系统的根本区别。对于文件系统，每种类型都有自己的文件存储结构。对于数据库系统，则实现的是整体数据结构化，即在该系统中，数据不应只针对某一应用，而应该面向整个组织。数据库系统的数据存取方式也很灵活，可以对数据库中的任一数据库项、数据组、一个记录或一组数据进行存取。在文件系统中，数据的最小存取单位是记录，不能细到数据项。

2. 数据的共享性好，冗余度低

数据库系统是从整体角度看待数据及其描述的，数据与数据之间是有关系的，它不是面向某个应用而是面向整个系统的，因此，数据可以被多个用户使用或被多个应用程序共享。这种共享可以大量减少数据的冗余，节省磁盘空间。数据共享还可以避免数据之间的不相容性和不一致性。

3. 数据独立性好

数据独立性是数据与程序间的互不依赖性，即数据库中的数据独立于应用程序而不依赖于应用程序。数据的独立性一般分为物理独立性与逻辑独立性两种。

① 物理独立性：指用户的应用程序与存储在磁盘上的数据库中的数据是相互独立的。当数据的物理结构（包括存储结构、存取方式等）改变时，如存储设备的更换、物理存储的更换、存取方式改变等，应用程序都不用改变。

② 逻辑独立性：指用户的应用程序与数据库的逻辑结构是相互独立的。数据的逻辑结构改变了，如修改数据模式、改变数据间联系等，用户程序都不用改变。

4. 数据由数据库管理系统统一管理和控制

数据库中的数据是由数据库管理系统管理和控制的。数据库管理系统提供了数据的安全性保护、完整性检查、并发控制及数据库恢复等功能。

数据库系统的出现使信息系统从以加工数据的程序为中心转向围绕共享的数据库为中心的新阶段。这样既便于数据的集中管理，又能简化应用程序的研制和维护，提高了数据的利用率和相容性。

8.1.4 数据库系统的内部结构体系

数据库系统的内部结构通常采用 3 级模式结构，并提供两级映像功能，如图 8-5 所示。

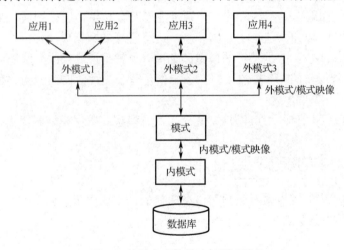

图 8-5 数据库系统的 3 级模式结构

1. 数据库系统的 3 级模式

① 模式，也称逻辑模式或概念模式，是数据库在逻辑级上的视图，是对数据库系统中全局数据逻辑结构的描述，是全体用户的公共数据视图。一个数据库只有一个概念模式。定义模式时不仅要定义数据的逻辑结构，而且要定义数据之间的联系，定义与数据有关的安全性、完整性要求。

② 外模式，也称子模式或用户模式，它是对数据库用户能够看见和使用的局部数据的逻辑结构和特征的描述，它是由概念模式推导出来的，是数据库用户的数据视图，是与某一应用有关的数据的逻辑表示。一个概念模式可以有多个外模式，但一个应用程序只能使用一个外模式。

③ 内模式，也称物理模式或存储模式，它是对数据物理结构和存储方式的描述，是数据在数据库内部的表示方式。

内模式处于最底层，反映数据在计算机物理结构中的实际存储形式；概念模式在中间层，反映设计者的数据全局逻辑要求；而外模式处于最外层，反映用户对数据的要求。

2. 数据库系统的两级映射

数据库管理系统在以上 3 级模式之间提供了两层映像：外模式/模式映像和内模式/模式映像。这两层映像保证了数据库系统中的数据具有较高的独立性。

① 内模式/模式映像：该映射给出了概念模式中数据的全局逻辑结构与数据的物理存储结构间的对应关系。

② 外模式/模式映像：概念模式是一个全局模式，外模式是用户的局部模式。一个概念模式中可以定义多个外模式，而每个外模式是概念模式的一个基本视图。

8.2　数据模型

模型可更形象、直观地揭示事物的本质特征，使人们对事物有一个更加全面、深入的认识，从而帮助人们更好地解决问题。利用模型对事物进行描述是人们在认识和改造世界的过程中广泛采用的一种方法，如航模飞机就是模型，是对飞机的模拟和抽象。计算机不能直接处理现实世界中的客观事物，而数据库系统可使用计算机技术对客观事物进行管理，因此就需要对客观事物进行抽象、模拟，以建立适合于数据库系统进行管理的数据模型。

数据模型是对现实世界数据特征的模拟和抽象。也就是说，数据模型是用来描述数据、组织数据和对数据进行操作的。现有的数据库系统都是基于某种数据模型的。数据模型是数据库系统的核心和基础。

根据模型应用的不同目的，可以将模型分为概念模型和数据模型两大类。

8.2.1　数据模型中的基本概念

概念模型是按用户的观点来对数据和信息建模的，主要用于数据库的设计。

1. 概念模型的相关概念

（1）实体。

实体（Entity）指客观存在且可以相互区别的事物。它可以是具体的，如一个学生、一棵树；也可以是抽象的概念或联系，如比赛活动、学生与成绩的关系等。实体用类型（Type）和值（Value）表示，如学生是一个实体，具体的学生王明、张立是实体值。

（2）属性。

属性是指描述实体的某一方面的特性。一个实体可以由若干个属性来描述。例如，学生实体可以由学号、姓名、性别等属性组成。每个属性都有一个值，值的类型可以是整数、实数或字符型。属性用类型和值表示，如学号、姓名、年龄是属性的类型，08012001、张三、19 是属性的值。

（3）实体型和实体集。

实体可以用型和值来表示。实体型是属性的集合。例如，反映一个学生全部特征的所有属性之和，就是学生这个实体的型。将这些属性落实到某个学生身上而得到的所有数据就是实体的值。同类型的实体的集合称为实体集，如全班学生就是一个实体集。

（4）码。

码是指能唯一标识实体的属性或属性集，如学生的学号属性。

（5）域。

域是指属性的取值范围，如性别的域为"男"和"女"，成绩的域为0～100。

（6）联系。

现实世界的事物和事物之间总是相互联系的，这些联系在信息世界中就反映为实体内部或者实体之间的联系。实体内部的联系是指组成实体的各属性之间的联系；实体之间的联系是指不同实体集之间的联系，实体之间的联系通常有一对一、一对多和多对多3种。

① 一对一联系（1∶1）。

如果实体集X中的任一实体至多对应实体集Y中的唯一实体，反之亦然，则称X与Y是一对一联系。例如，一个班只能有一个班长，而一个班长只能属于一个班，则班长和班之间具有一对一联系。

② 一对多联系（1∶n）。

如果实体集X中至少有一个实体对应实体集Y中一个以上的实体，且Y中任一实体至少对应X中的一个实体，则称X对Y是一对多联系。例如，一个班对应多个学生，而一个学生只属于一个班，则班与学生之间具有一对多联系。

③ 多对多联系（$m∶n$）。

如果实体集X中至少有一个实体对应实体集Y中一个以上的实体，且Y中也至少有一个实体对应X中一个以上的实体，则称X与Y是多对多联系。例如，一个学生可以学习多门课程，而一门课程又可以由多个学生来学习，则学生与课程之间具有多对多联系。

实际上，一对一联系是一对多联系的特例，而一对多联系又是多对多联系的特例。如图8-6所示为实体间的联系。

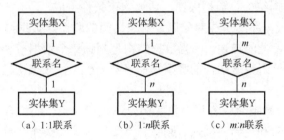

图8-6　实体间的联系

2. E-R图

概念模型是对信息世界建模的，所以概念模型应该能够方便、准确地表示上述信息世界中的常用概念。概念模型的表示方法很多，最常用的是实体-联系方法（Entity-Relationship approach）。该方法用E-R图来描述现实世界的概念模型。

E-R图提供了表示实体型、属性和联系的方法，可以方便地转换成表的逻辑结构。构成E-R图的基本要素是实体、属性和联系，E-R图的表示符号如图8-7所示。

① 实体：用矩形表示实体集，在矩形内写上该实体集的名字。

② 属性：用椭圆形表示属性，在椭圆形内写上该属性的名称。

③ 联系：用菱形表示联系，在菱形内写上联系名。

④ 连线：用来连接实体和各个属性以及实体和联系，在连接联系时，应同时在直线上注明联系的种类，即 $1:1$，$1:n$ 或 $m:n$。

图 8-7　E-R 图的表示符号

例如，有学生和课程两个实体，并且有语义，一个学生可以选修多门课程，一门课程也可以被多个学生选修。那么学生和课程之间的联系是多对多的，把这种联系命名为选课，添加属性后的 E-R 图如图 8-8 所示。

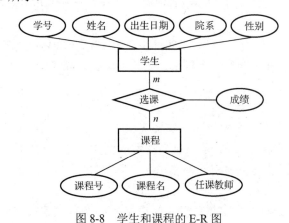

图 8-8　学生和课程的 E-R 图

8.2.2　数据模型的组成要素

数据模型通常由数据结构、数据操作、数据约束条件组成。

① 数据结构描述数据库的组成对象以及对象之间的联系。数据结构是所描述的对象类型的集合，是对系统静态特性的描述。因为数据结构是刻画一个数据模型性质最重要的方面，因此，在数据库系统中，按照数据结构的类型来命名数据模型，如层次模型、网状模型、关系模型等。

② 数据操作是指对数据库中各种对象实例允许执行的操作的集合，是对系统动态特性的描述。数据库主要有检索和更新（插入、删除、修改）两大类操作。数据模型必须定义这些操作的确切含义、操作符号、操作规则以及实现操作的语言。

③ 数据约束条件是一组完整性规则的集合。完整性规则是给定的数据模型中数据及其联系所具有的制约和依存规则，用以限定符合数据模型的数据库状态以及状态的变化，以保证数据的正确、有效、相容。数据模型应该反映和规定其必须遵守的基本的和通用的完整性约束条件。

8.2.3　常见的数据模型

数据库管理系统所支持的数据模型分为层次模型、网状模型、关系模型 3 种。因此，使用支持某种特定数据模型的数据库管理系统开发出来的应用系统相应地称为层次数据库系统、网状数据库系统和关系数据库系统。

1. 层次模型

层次模型使用树形结构来表示各类实体以及实体间的联系，其特点如下。

① 有且只有一个节点没有双亲节点，这个节点称为根节点。

② 根以外的其他节点有且只有一个双亲节点。

在层次模型中，每个节点表示一个记录类型，记录类型之间的联系用节点之间的连线（有向边）表示，这种联系是父子之间的一对多的联系，这就使得层次数据库系统只能处理一对多的实体联系。现实世界中许多实体之间的联系本来就呈现出一种很自然的层次关系，如公司的行政组织机构、家族的辈分关系等。

2. 网状模型

网状模型使用网状结构表示实体间的联系。它是对层次模型的扩展，层次模型可看作是网状模型的特例。其特点如下。

① 允许一个以上节点没有双亲。

② 一个节点可以有多于一个的双亲节点。

网状模型是一种比层次模型更具普遍性的结构，可以更直接地去描述现实世界。如一个学生可以选修多门课程，一门课程可以被多名学生选择，所以学生与课程之间是多对多的关系，可以用网状模型表示。但是网状模型在表示多对多的联系时，数据结构的实现比较复杂。

3. 关系模型

关系模型中的关系是一张由行和列组成的二维表。它建立在严格的数学概念基础上，概念清晰、简洁。关系模型的数据结构虽然简单却能表达丰富的语义，能描述现实世界的实体以及实体间的各种联系。当今大多数数据库都支持关系数据模型。关系模型的详细介绍见 8.3.2 关系模型。

8.3 关系数据库系统

关系数据库系统采用数学方法来处理数据库中的数据，目前已经成为最重要的、应用最广泛的数据库系统。

8.3.1 关系数据库系统概述

在关系数据库中，实体以及实体间的联系都由单一的结构类型来表示，这种逻辑结构是一张二维表。

如图 8-9 所示是选课系统中学生-课程-老师实体及其之间联系的 E-R 图，如果转换为关系，则如图 8-10 所示。关系型数据库以行和列的形式存储数据，这一系列的行和列被称为表，一组表组成了数据库。

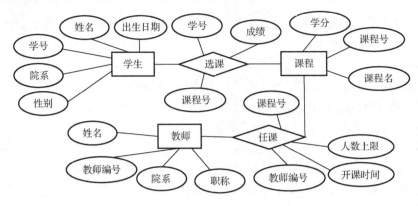

图 8-9　选课系统的 E-R 图

实体
学生信息表

学号	姓名	出生日期	院系	性别

实体间联系
选课信息表

学号	课程号	成绩

课程信息表

课程号	课程名	学分

任课信息表

教师编号	课程号	开课时间	人数上限

教师信息表

教师编号	姓名	院系	职称

图 8-10　选课系统的关系模式

8.3.2　关系模型

按照数据模型的三个要素，关系模型由关系数据结构、关系操作合集和关系完整性约束三部分组成。

1．关系数据结构

关系模型的数据结构非常简单，只包含单一的数据结构——关系。在用户看来，关系模型中数据的逻辑结构是一张二维表。这种数据结构虽然简单，却能表达丰富的语义，能描述现实世界的实体及实体之间的各种联系，如图 8-11 所示。

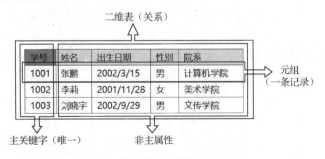

图 8-11　关系数据结构的基本概念

关系数据模型中相关概念如下：

① 关系（Relation）：一个关系对应通常所说的一张表。通常将一个没有重复行、重复列的二维表看成一个关系，每个关系都有一个关系名。

② 元组（Tuple）：表中的一行即为一个元组。

③ 属性（Attribute）：表中的一列即为一个属性，每个属性的名称就是属性名。

④ 主关键字（Key）：表中的某个属性或属性组，如果它可以唯一确定一个元组，则可成为本关系的主关键字。

⑤ 域（Domain）：属性的取值范围，如人的年龄一般在 1～80 岁，性别的域是（男，女），系别的域是一个学校所有系名的集合。

⑥ 分量：元组中的一个属性值。

⑦ 关系模式：对关系的描述，一般表示为关系名（属性 1，属性 2，……，属性 n）。

例如，学生关系可表示为学生（学号，姓名，出生日期，性别，院系）。

在关系模型中，实体以及实体间的联系都是用关系表示的。例如，学生、课程、学生与课程之间的多对多联系在关系模型中可以表示如下（二维表见图 8-10）：

学生（学号，姓名，出生日期，院系，性别）

课程（课程号，课程名，学分）

选课（学号，课程号，成绩）

关系模型要求关系必须是规范化的，即要求关系必须满足一定的规范化条件，这些规范条件中的最基本的一条就是，关系的每个分量必须是一个不可再分的数据项。

2. 关系模型的数据操纵

关系数据模型的操作包括数据查询、数据删除、数据插入、数据修改，这些操作必须满足关系的完整性约束条件。关系的完整性约束条件包括实体完整性、参照完整性和用户自定义完整性三大类。实体完整性保证关系中的记录唯一性，使用主键进行约束，即关系中的主键值不能为 Null 且不能有相同值。参照完整性是对关系数据库中建立关联关系的数据表间数据的一致性，使用数据参照引用的约束，即对外键的约束。用户自定义完整性也称域完整性，确保字段不会输入无效的值，使用数据的有效性包括字段的值域、字段的类型及字段的有效规则等约束。

关系数据模型的操作是集合操作，操作对象和操作结果都是关系，即若干元组的集合，而非关系数据模型中是单记录操作方式。关系模型的存取路径对于用户来说是透明的，用户只需提出做什么，不必详细说明怎么做，从而大大提高了数据的独立性，提高了工作效率。

3. 关系模型的完整性约束

关系模型的完整性规则是对关系的某种约束条件。为了保持数据库中数据与现实世界的一致性，关系数据库的数据与更新操作必须遵循三类完整性规则，即实体完整性、参照完整性和用户自定义完整性。

（1）实体完整性。

实体完整性是针对基本关系的。实体完整性规定关系的所有元组的主键属性不能取空值。所谓空值就是不知道、不存在或无意义的值。因为如果主键属性出现空值，那么主键值就不能起到唯一标识的作用。例如，在学生信息表中选择"学号"为主键时，"学号"属性不能取空值。如果主键由若干属性组成，则所有这些属性都不能取空值。例如，在选课信息表中，"学号，课程号"为主键，因此，"学号"和"课程号"两个属性都不能取空值。

（2）参照完整性。

现实世界中的实体之间往往存在某种联系，在关系模型中实体及实体间的联系都是用关系来描述的，这样就会存在关系与关系间的引用。参照完整性实质上反映了主键属性与外键属性之间的引用规则。例如，在学生信息表和选课信息表之间存在属性之间的引用，即选课信息表引用了学生信息表中的主键"学号"，显然，选课信息表中的"学号"属性的取值必须存在于学生信息表中。

（3）用户自定义完整性。

实体完整性和参照完整性是任何关系数据库系统都必须支持的。除此之外，不同的关系数据库系统根据应用环境的不同，有时还需要一些特殊的约束条件。用户自定义的完整性就是针对某一关系数据库的约束条件，它反映某一具体应用所涉及的数据必须满足的语义条件。例如，在选课信息表中，"成绩"属性的取值范围为 0～100；但是在另外的应用情景下，"成绩"的取值范围可能为 0～750。

实体完整性和参照完整性是关系模型必须满足的完整性约束条件，被称为关系的两个不变性，应该由关系数据库系统自动支持；用户定义完整性是应用领域需要遵循的约束条件，体现了具体领域中的语义约束。

8.3.3　关系代数

关系代数是一种抽象的查询语言，它用对关系的运算来表达查询。关系代数的运算对象是关系，运算结果也是关系。关系代数用到的运算有以下两类。

1. 传统的集合运算

传统的集合运算是二目运算，包括并、差、交、广义笛卡儿积 4 种运算。参加集合操作的各结果表的列数必须相同，对应项的数据类型也必须相同。如图 8-12 所示分别为具有三个属性列的关系 R 和关系 S。

A	B	C
a_1	b_1	c_1
a_1	b_2	c_2
a_2	b_2	c_3

（a）关系 R

A	B	C
a_1	b_1	c_1
a_2	b_1	c_2

（b）关系 S

图 8-12　关系 R 和关系 S

（1）并（Union）。

设关系 R 和关系 S 具有相同的目 n（即两个关系都有 n 个属性），且相应的属性取自同一个域，则关系 R 与关系 S 的并仍为 n 目关系，并包含了关系 R 和关系 S 中的所有元组，如图 8-13（a）所示。

（2）差（Difference）。

设关系 R 和关系 S 具有相同的目 n，且相应的属性取自同一个域，则关系 R 与关系 S 的差仍为 n 目关系，由属于 R 而不属于 S 的所有元组组成，如图 8-13（b）所示。

（3）交（Intersection Referential integrity）。

设关系 R 和关系 S 具有相同的目 n，且相应的属性取自同一个域，则关系 R 与关系 S 的交由既属于 R 又属于 S 的元组组成，仍为 n 目关系，如图 8-13（c）所示。

（4）广义笛卡儿积（Extended cartesian product）。

这里的笛卡儿积严格地讲是广义笛卡儿积（Extended Cartesian Product）。在不会出现混淆的情况下广义笛卡儿积也称为笛卡儿积。

两个分别为 n 目和 m 目的关系 R 和 S 的广义笛卡儿积是一个（$n+m$）列的元组的集合。元组的前 n 列是关系 R 的一个元组，后 m 列是关系 S 的一个元组。如果 R 有 k1 个元组，S 有 k2 个元组，则关系 R 和关系 S 的广义笛卡儿积有 k1×k2 个元组，如图 8-13（d）所示。

A	B	C
a_1	b_1	c_1
a_1	b_2	c_2
a_2	b_2	c_3
a_2	b_1	c_2

（a）R∪S

A	B	C
a_1	b_2	c_2
a_2	b_2	c_3

（b）R−S

A	B	C
a_1	b_1	c_1

（c）R∩S

R.A	R.B	R.C	S.A	S.B	S.C
a_1	b_1	c_1	a_1	b_1	c_1
a_1	b_2	c_2	a_1	b_1	c_1
a_2	b_2	c_3	a_1	b_1	c_1
a_1	b_1	c_1	a_2	b_1	c_2
a_1	b_2	c_2	a_2	b_1	c_2
a_2	b_2	c_3	a_2	b_1	c_2

（d）R×S

图 8-13 传统集合运算

2. 专门的关系运算

专门的关系运算包括选择、投影、连接等。以如图 8-14 所示的两张表为例。

学号	姓名	出生日期	性别	院系
1001	张鹏	2002/3/15	男	计算机学院
1002	李莉	2001/11/28	女	美术学院
1003	刘晓宇	2002/9/29	男	文传学院

（a）学生信息表

学号	课程号	成绩
1001	C01	89
1001	C02	92
1002	C01	78
1002	C04	69

（b）选课信息表

图 8-14 学生信息表和选课信息表

（1）选择（Selection）。

选择运算时根据给定的条件，从一个关系中选出一个或多个元组（表中的行）。被选出的行组成一个新关系，这个新关系是原关系的一个子集。例如，从学生信息表中选取"性别"为"男"的记录，组成新关系，如图 8-15（a）所示。

（2）投影（Projection）。

投影运算就是从一个关系中选择某些特定的属性（表中的列）重新排列组成一个新关系，投影后属性减少，新关系可能有一些行具有相同的值，此时重复的行将会被删除。例如，从学生信息表中选取"学号""姓名""院系"属性，组成新关系，如图 8-15（b）所示。

（3）连接（Join）。

连接运算是从两个或多个关系中选取属性间满足一定条件的元组，组成一个新关系。例如，将学生信息表和选课信息表按条件（学号相同）进行连接，产生一个新关系，如图 8-15（c）所示，其中"学号 1"来自学生信息表，"学号 2"来自选课信息表。可以看出，连接运算其实就是从两个关系的笛卡儿积中选取属性间满足一定条件的元组。

学号	姓名	出生日期	性别	院系
1001	张鹏	2002/3/15	男	计算机学院
1003	刘晓宇	2002/9/29	男	文传学院

（a）选择运算

学号	姓名	院系
1001	张鹏	计算机学院
1002	李莉	美术学院
1003	刘晓宇	文传学院

（b）投影运算

学号	姓名	出生日期	性别	院系	学号 2	课程号	成绩
1001	张鹏	2002/3/15	男	计算机学院	1001	C01	89
1001	张鹏	2002/3/15	男	计算机学院	1001	C02	92
1002	李莉	2001/11/28	女	美术学院	1002	C01	78
1002	李莉	2001/11/28	女	美术学院	1002	C04	69

（c）连接运算

图 8-15　专门的关系运算

8.4　关系数据库标准语言 SQL

结构化查询语言（Structured Query Language，SQL）是关系数据库的标准语言，也是通用的、功能极强的关系数据库语言。其功能不仅是查询，还包括数据库模式创建，数据库数据的插入与修改，数据库安全性、完整性定义与控制等功能。

8.4.1 SQL 的特点

SQL 之所以能被用户和业界所接受并称为国际标准，是因为它是一个综合的、功能强大又简单易学的语言。其主要特点如下。

（1）SQL 风格统一。

SQL 可以独立完成数据库生命周期中的全部活动，包括建立数据库、定义关系模式、录入数据、查询、更新、维护、数据库重构、数据库安全性控制等操作，这就为数据库应用系统开发提供了良好的环境；在数据库投入运行后，还可根据需要随时逐步修改模式，且不影响数据库的运行，从而使系统具有良好的可扩充性。

（2）高度非过程化。

非关系数据模型的数据操纵语言是面向过程的语言，用其完成用户请求时，必须指定存取路径。而用 SQL 进行数据操作，用户只需提出做什么，而不必说明怎么做，因此，用户无须了解存取路径，存取路径的选择以及 SQL 语句的操作过程由系统自动完成。这不但大大减轻了用户负担，而且有利于提高数据的独立性。

（3）面向集合的操作方式。

SQL 采用集合操作方式，不仅查找结果可以是元组的集合，而且一次插入、删除、更新操作的对象也可以是元组的集合。

（4）以同一种语法结构提供两种使用方式。

SQL 既是自含式语言，又是嵌入式语言。作为自含式语言，它能够独立地用于联机交互的方式，用户可以在终端键盘上直接输入 SQL 命令对数据库进行操作。作为嵌入式语言，SQL 语句能够嵌入高级语言（如 C、C#、Java）程序中，供程序员设计程序时使用。在两种不同的使用方式下，SQL 的语法结构基本上是一致的。这种以统一的语法结构提供两种不同的操作方式，为用户提供了极大的灵活性与方便性。

（5）语言简洁，易学易用。

SQL 功能极强，但由于设计巧妙，语言十分简洁，完成数据定义、数据操纵、数据控制的核心功能只用 9 个动词，如表 8-2 所示。SQL 语言语法简单，接近英语口语，因此容易学习和使用。

表 8-2 SQL 的动词

SQL 功能	动词
数据查询	SELECT
数据定义	CREATE, DROP, ALTER
数据操纵	INSERT, UPDATE, DELETE
数据控制	GRANT, REVOKE

以学生选课数据库为例来讲解 SQL 的数据定义、数据操纵、数据查询语句。该数据库包含以下 3 张表。

① 学生信息表：Student (Sno, Sname, Ssex, Sbday, Sdept)其中，Sno 表示学号，字符型，长度为 4；Sname 表示姓名，字符型，长度为 16；Ssex 表示性别，字符型，长度为 1；Sbday 表示出生日期，日期型； Sdept 表示学院，字符型，长度为 16。

② 课程信息表：Course (<u>Cno</u>, Cname, Ccredit)其中，Cno 表示课程编号，字符型，长度为 4；Cname 表示课程名，字符型，长度为 16； Ccredit 表示学分，字符型，长度为 2

③ 选课信息表：SC (<u>Sno, Cno</u>, Grade)，其中 Sno 表示学号；Cno 表示课程号；Grade 表示成绩，短整数。

加下画线的属性表示关系的主码。

8.4.2　数据定义

1. 定义基本表

SQL 语言使用 CREATE TABLE 语句定义基本表，语句的一般格式：

```
CREATE TABLE <基本表名>
        (<列名 1><数据类型 1>[列级完整性约束条件 1]
[,<列名 2><数据类型 2>[列级完整性约束条件 2]]
        ……
        [,<表级完整性约束条件>])
```

SQL 提供的数据类型很多，常用的数据类型如表 8-3 所示。

表 8-3　常用数据类型

数据类型	说明
CHARACTER(n)	长度为 n 的字符串
VARCHAR(n) 或 CHARACTER VARYING(n)	最大长度为 n 的字符串
BOOLEAN	存储 TRUE 或 FALSE 值
SMALLINT	短整数（2 字节）
INTEGER	长整数（4 字节）
BIGINT	大整数（8 字节）
NUMERIC(p,s)	定点数，由 p 位数字（不包括符号、小数点）组成，小数点后面有 s 位数字
REAL	浮点数
FLOAT(n)	精度至少为 n 位数字的浮点数
DOUBLE PRECISION	双精度浮点数
DATE	日期，格式为 YYYY-MM-DD
TIME	时间，格式为 HH:MM:SS

完整性约束主要有主码子句（PRIMARY KEY）、检查子句（CHECK）和外码子句（FOREIGN KEY）3 种。可以分为以下两类。

① 列表级完整性约束条件：涉及表的某一列，如对数据类型的约束、对数据格式的约束、对取值范围或集合的约束、对空值 NULL 的约束、对取值唯一性 UNIQUE 的约束、对列的排序说明等。

② 表级完整性约束条件：涉及表的一个或多个列。如订货关系中规定发货量不得超过订货量等。

【例 8-1】　使用 SQL 语句创建学生信息表 Student、课程信息表 Course 和选课信息表 SC。

① 创建 Student 表。

CREATE TABLE Student(Sno CHAR(4) NOT NULL, Sname CHAR(16) NOT NULL, Ssex SCHAR(1), Sbday DATE, Sdept CHAR(16),PRIMARY KEY (Sno))

这里的 PRIMARY KEY 子句定义了 Student 表的主码为 Sno。

② 创建 Course 表。

CREATE TABLE Course(Cno CHAR(4) NOT NULL, Cname CHAR(16) NOT NULL, Ccredit CHAR(2), PRIMARY KEY (Cno))

③ 创建 SC 表。

CREATE TABLE SC(Sno CHAR(4) NOT NULL, Cno CHAR(4) NOT NULL, Grade SMALLINT, PRIMARY KEY (Sno, Cno), FOREIGN KEY(Sno) REFERENCES Studetn(Sno), FOREIGN KEY(Cno) REFERENCES Couse(Cno), CHECK(Grade BETWEEN 0 AND 100))

SC 表的主码是 Sno 和 Cno。Sno 是外码，被参照表是 Student；Con 也是外码，被参照表是 Course。CHECK 子句定义了 Grade 列的取值约束（取值范围为 0～100）。

2. 修改基本表

随着应用环境和应用需求的变化，有时需要修改已建立的基本表，修改基本表的 ALTER 语句的格式：

```
ALTER TABLE <表名>
[ADD <新列名> <数据类型> [完整性约束]]
[ADD <表级完整性约束>]
[DROP <列名>]
[DROP CONSTRAINT <完整性约束名>]
[ALTER COLUMN <列名> <数据类型>]
```

说明：ADD 子句用于增加新列、新的列级完整性约束条件和新的表级完整性约束条件。DROP 子句用于删除表中的列。DROP CONSTRAINT 子句用于删除指定的完整性约束条件。ALTER COLUMN 子句用于修改原有的列定义，包括修改列名和数据类型。

如将 Course 表中的学分字段（Ccredit）类型修改为整型。

ALTER TABLE Course ALTER COLUMN Ccredit SMALLINT

3. 删除基本表

当某个基本表不再需要时，可以使用 DROP TABLE 语句删除它。该语句的格式：

```
DROP TABLE <表名> [RESTRICT|CASCADE]
```

说明：如果选择 RESTRICT，则该表的删除是有限制条件的，即该表不能被其他表的约束所引用（如 CHECK、FOREIGNKEY 等约束），如果存在这些依赖该表的对象，则该表不能被删除。例如，SC 表通过外码 Sno 引用 Student 表，则 DROP TABLE Student RESTRICT 命令不能删除 Course 表。

如果选择 CASCADE，则该表的删除没有限制条件，在删除基本表的同时相关的依赖对象也可能被删除（不同关系数据库管理系统的执行策略有差别）。例如，DROP TABLE Student CASCADE 命令在删除 Student 表时，SC 表可能也被级联删除。因此，执行这个操作要格外小心。

如删除 SC 表：

DROP TABLE SC

8.4.3　数据操纵

数据操纵是指对表中的记录进行操作，包括记录的插入（INSERT）、更新（UPDATE）和删除（DELETE）。

1. 插入元组的一般格式：

INSERT INTO <表名> [(<列名 1> [,<列名 2>]…)]
VALUES(<常量 1>[,<常量 2>]…)

2. 更新数据（修改数据）的一般格式：

UPDATE <表名> SET <列名 1>=<表达式 1>[,<列名 2>=<表达式 2>]…
[WHERE <条件>]

3. 删除数据的一般格式：

DELETE FROM <表名>
[WHERE <条件>]

DELETE 语句的功能是从指定表中删除满足 WHERE 子句条件的所有元组。如果省略 WHERE 子句，则表示删除表中的全部元组，但表仍然存在，也就是说只剩下一张空表。

【例 8-2】 使用 SQL 向 Student 表中插入数据、修改数据、删除数据。

① 向 Student 表中插入一条新的学生记录（学号：1003，姓名：陈晨，性别：男，院系：计算机学院）：

INSERT INTO Student(Sno, Sname, Ssex, Sdept) VALUES ('1003', '陈晨', '男', '计算机学院')

说明：如果 INTO 子句中没有指明任何属性列，则新插入的记录必须在每个属性列上都有值；但是如果值的顺序与属性列的不同，或者有部分属性值为空值（NULL），则需要在 INTO 子句列出属性列。

② 将学号为"1003"的同学转专业到"文传学院"：

UPDATE Student SET Sdept="文传学院" WHERE Sno='1003'

③ 删除学号为"1003"的学生信息：

DELETE FROM Student WHERE Sno='1003'

8.4.4　数据查询

数据查询是数据库的核心操作。SQL 提供 SELECT 语句进行数据查询，该语句的格式：

SELECT <目标列表表达式 1>[,<目标列表表达式 2>]…
FROM <表名 1>[,<表名 2>…]
[WHERE <条件表达式>]
[GROUP BY <列名 1> [HAVING <条件表达式>]]
[ORDER BY<列名 2>]

说明：

● 整个 SELECT 语句的作用是根据 WHERE 子句的条件表达式，从 FROM 子句指定的表中找出满足条件的元组，然后按 SELECT 子句中的目标表达式选出指定的属性值，并形成结果表。

● 如果有 GROUP BY 子句，则将结果按<列名 1>的值进行分组，该属性列值相等的元组为一个组。通常会在每组中使用聚集函数。如果 GROUP BY 子句带 HAVING 短语，则只有满足指定条件的分组才能输出。

● 如果有 ORDER BY 子句，则结果还要按<列名 2>的值升序或降序排序。

【例 8-3】 使用 SELECT 语句从 Student、Course 和 SC 表查询相关信息。

① 查询"张鹏"同学的基本信息。

SELECT * FROM Student WHERE Sname="张鹏"

说明：这里的"*"表示选择所有的属性。

② 在 Student 表中查询所有计算机学院的学生的学号、姓名。

SELECT Sno, Sname FROM Student WHERE Sdept="计算机学院"

③ 查询所有姓张的同学的信息。

SELECT * FROM Student WHERE Sname LIKE "张%"

说明：谓词 LIKE 可以用来进行字符串的匹配，也就是用%（百分号）代表任意长度的字符串，用_（下画线）代表任意一个字符。例如，"张%"表示姓张的人，"张_"表示姓张且名字只有两个字的人。

④ 查询所有选修了"C01"课程的学生的学号、姓名和成绩。

SELECT Student.Sno, Sname, Grade FROM Student, SC

WHERE Student.Sno=SC.Sno and Cno='C01'

学生的学号、姓名信息存放在 Student 表中，而选课信息存放在 SC 表中，所以需要在两张表中进行查询。这两张表之间的联系是通过公共属性 Sno 实现的。由于 Sno 属性在两张表中都存在，为了避免混淆，需要在属性名的前面加上表名的前缀，即用 Student.Sno 和 SC.Sno 来表示。

说明：WHERE 子句中可以包含查询条件和连接条件。

⑤ 统计每个学院的学生人数。

SELECT sdept,COUNT(*)   FROM student GROUP BY sdept

说明：

● GROUP BY 分组子句将查询结果按某一列或多列的值分组，值相等的为一组。例如，在本例中按院系分组，院系值相同的为一组。

● GROUP BY 分组后，SELECT 子句中一般只会出现分组字段和聚集函数。常见的聚集函数如表 8-4 所示。

表 8-4　SQL 中常见的聚集函数

函数	说明
COUNT(*)	统计元组个数
COUNT(<列名>)	统计一列中值的个数
SUM(<列名>)	计算一列值的总和（必须是数值型）
AVG(<列名>)	计算一列值的平均值（必须是数值型）
MAX(<列名>)	计算一列值中的最大值
MIN(<列名>)	计算一列值中的最小值

注意：WHERE 子句中不能用聚集函数作为条件表达式。

- 如果分组后还需要按一定条件对分组进行筛选，最终只输出满足指定条件的分组，可以使用 HAVING 短语指定筛选条件。例如，在本例中，需要查找学院人数在 50 以上的学院及人数，可以将 SQL 语句修改为：

SELECT sdept,COUNT(*) FROM student GROUP BY sdept HAVING COUNT(*)>50

先对 Student 表中的记录按 sdept 分组，然后筛选出记录数大于 50 条的分组，再将 sdept 和 COUNT(*)的值输出。

- WHERE 子句与 HAVING 短语的区别在于，WHERE 子句作用于表，从中选择满足条件的元组；HAVING 短语作用于组，从中选择满足条件的组。

⑥ 查询所有考试成绩为 NULL 的信息。

SELECT * FROM SC WHERE Grade IS NULL

说明：如果查询涉及空值，不能用等号，要使用 IS NULL 或 IS NOT NULL。

⑦ 查询选修了 C01 课程的学生的学号和成绩，并按成绩降序排列。

SELECT Sno,Grade FROM SC WHERE Cno="C01" ORDER BY Grade DESC

说明：ORDER BY 子句对查询结果按照一个或多个属性列的升序（ASC）或降序（DESC）排列，默认为升序。对于空值，排序时显示的次序由具体系统实现来决定。

8.5 关系数据库设计

关系数据库设计是指对于一个给定的应用环境，构造（设计）优化的数据库逻辑模式和物理结构并据此建立数据库及其应用系统，使之能够有效地存储和管理数据，满足各种用户的应用需求，包括信息管理需求和数据操作需求。按照结构化系统设计的方法，考虑数据库及其应用系统开发的全过程，将关系数据库设计分为 6 个阶段，如图 8-16 所示。

该设计的 6 个阶段既是数据库设计的过程，又是数据库应用系统设计的过程，这两者是紧密结合的。当然，设计一个完善的数据库应用系统不可能一蹴而就，它往往是上述 6 个阶段的不断反复。

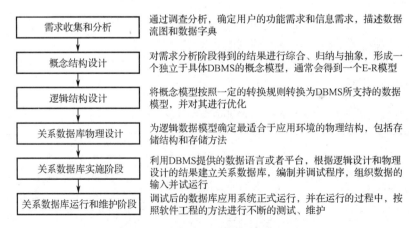

图 8-16　关系数据库设计的 6 个阶段

在开始设计关系数据库前，要选定参加设计的人员，包括系统分析人员、数据库设计人员、应用开发人员、数据库管理员和用户代表。系统分析人员和数据库设计人员是关系数据库设计的核心人员，将自始至终参与关系数据库设计，其水平决定了数据库系统的质量。用户代表和数据库管理员在关系数据库设计中，主要参加需求分析与数据库的运行和维护。应用开发人员，即程序员和操作员分别负责编制程序和准备软硬件环境。

8.6 Python 数据库操作

Python 有极其丰富的第三方库，不管使用的关系数据库是 Oracle、MySQL、SQL Server，还是 Redis、MongoDB，Python 都有与之对应的第三方库。无论采用哪种数据库，原理都是类似的，操作步骤主要包括①下载并导入相应库，②连接数据库，③生成游标对象，④执行 SQL 语句，⑤关闭游标，⑥关闭连接。下面以 Python 自带的 SQLite3 数据库为例，介绍 Python 中数据库的操作。

8.6.1 SQLite3 数据库简介

SQLite3 数据库是一款非常小巧轻量级的嵌入式开源数据库软件。由于其方便快捷，从 Python2.5 开始 SQLite3 就成了 Python 语言的标准模块了，这也是 Python 中唯一一个数据库接口类模块，适合用户开发小型数据库系统。

数据库是存储数据的，它自然会对数据的类型进行划分，SQLite3 中的数据类型如表 8-5 所示。

表 8-5 SQLite3 中的数据类型

类型	说明
NULL	取值为 NULL，表示没有或者为空
INTERGER	取值为带符号的整数，可为负整数
REAL	取值为浮点数
TEXT	取值是字符串
BLOB	是一个二进制的数据块，即字节串，可用于存放纯二进制数据

8.6.2 Python 连接 SQLite3 数据库流程

SQLite3 数据库实现了自给自足的、无服务器的、零配置的、事务性的 SQL 数据库引擎，通常在小型应用或嵌入式开发中使用较多。Python 连接 SQLite3 数据库的过程如图 8-17 所示。

1. 导入 SQLite3 模块

由于 Python2.5 以后的安装包自带 SQLite3 的软件包，所以用一行语句直接导入即可，其语法格式：

```
import sqlite3
```

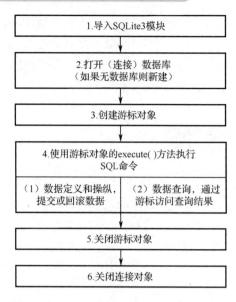

图 8-17　Python 连接 SQLite3 数据库的过程

2．打开（连接）数据库，建立数据库连接

使用 connect()方法建立一个数据库连接对象，其语法格式：

sqlite3.connect(参数)

这里的参数是指定要打开的数据库文件。在 Python 中，使用 SQLite3 创建数据库的连接，当指定的数据库文件不存在时，连接对象会自动创建数据库文件；如果数据库文件已经存在，则连接对象不会再创建数据库文件，而是直接打开该数据库文件。

例如，conn=sqlite3.connect("E:\\Test.db")会打开 E 盘下的 Test 数据库，如果这个数据库不存在，则新建一个数据库。

connect()方法返回 con 对象，就是数据库链接对象，它提供了如表 8-6 所示的连接对象的方法。

表 8-6　连接对象的方法

方法	描述
cursor()	创建一个游标对象
commit()	处理事务提交
rollback()	处理事务回滚
close()	关闭一个数据库连接

3．创建游标对象

调用连接对象的 cursor()方法可以得到一个游标对象，可以把游标理解为一个指针。游标如图 8-18 所示，图中的指针就是游标 cursor，假设右边的表就是查询到的结果，那么可以通过游标扫描 SQL 查询并检查结果。定义游标的语法格式：

连接对象.cursor()

游标对象有多种方法支持数据库操作，如表 8-7 所示。

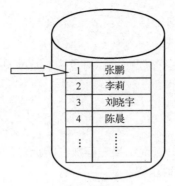

图 8-18 游标

表 8-7 游标对象的方法

方法	描述
execute()	用来执行 SQL 语句
executemany()	用来执行多条 SQL 语句
close()	用来关闭游标
fetchone()	用来从结果中取一条记录，并将游标指向下一条记录
fetchmany()	用来从结果中取多条记录
fetchall()	用来从结果中取出所以记录
scroll()	用于游标滚动

例如，在上面建立的连接 conn 下创建一个游标的语句是：curs=conn.cursor()。

4. 使用游标对象的 execute()方法执行 SQL 命令

调用游标对象的 execute()方法执行 SQL 命令，其语法格式：

游标对象.execute(参数)

这里的参数是一个 SQL 语句。根据执行的 SQL 语句类型的不同，可以分为以下两种情况。

（1）数据定义和操纵。

数据定义语句包括新建表、删除表、修改表结构语句（CREATE、DROP、ALTER），数据操纵语句包括插入记录、更新记录和删除记录语句（INSERT、UPDATE、DELETE）。这些操作会使数据库中的表发生变化，所以在进行这些操作后，需要使用语句提交给数据库，其语法格式：

连接对象.commit()

如果需要在 Test 数据库中建立一张新表，则可以使用以下语句：

sql_new=" CREATE TABLE Student(Sno CHAR(4) NOT NULL, Sname CHAR(16) NOT NULL, Ssex SCHAR(2), Sbday DATE, Sdept CHAR(16),PRIMARY KEY (Sno))"
curs.execute(sql_new)

如果向 Student 表中添加数据，则可以使用以下语句：

sql_ins="INSERT INTO Student(Sno, Sname, Ssex, Sdept) VALUES ('1003', '陈晨', '男', '计算机学院')"
curs.execute(sql_ins)

然后使用以下语句提交：

```
conn.commit()
```

（2）数据查询。

执行查询语句后，查询结果会存放在游标对象中，通过调用游标对象的方法可以获取查询结果。例如：

```
sql_sele="select * from student"
curs.execute(sql_sele)
```

执行 SELECT 查询语句后，查询结果在存放在游标对象中，然后就可以使用游标对象的 fetchone()方法或 fetchall()方法获取结果。

- 调用游标对象的 fetchone()方法移动游标指针，每调用一次 fetchone()方法就可以将游标指针向下移动一行，第一次调用 fetchone()方法时，游标从默认位置移动到第一行。

```
#将游标移动到第一行
row = curs.fetchone()
#当查询的结果集没有数据时，向下移动游标会返回空，否则说明有数据
if row !=None:
print(row)
```

如果返回的结果集不只一条记录，一行一行地移动太麻烦，可以使用循环方式：

```
#首先将游标移动到第一行
row = curs.fetchone()
#如果返回的结果集第一行有数据，则进入循环
while row != None:
        #打印第一行结果
        print(row)
        #将游标指针向下再移动一行
        row = curs.fetchone()
```

通常在确定返回的结果只有一条数据（即一行）时，才会使用 fetchone()方法。如在 student 表中按"学号"查询时，因为"学号"是主键，是唯一的，查询结果只可能有一条数据或者为空，不可能有多条，这时即可使用 fetchone()方法。

- 当返回的结果可能为多条数据时，通常使用 fetchall()方法，该方法会返回一个结果列表，遍历这个列表即可得到多条结果。例如：

```
result = curs.fetchall()
#遍历所有结果，并打印
for row in result:
    print(row)
```

- 实际上执行查询语句后，所有查询结果都存放在 cursor 对象中，可以直接遍历 cursor 对象，与上面调用 fetchall()方法类似，区别是调用 fetchall()方法可以借助列表调用一些列表函数，对查询结果进行操作。

```
#调用游标对象的 execute()方法执行查询语句
cursor.execute("select * from students ")
#直接遍历 cursor 对象，并打印
for row in cursor:
    print(row)
```

5. 关闭游标对象

关闭游标对象的语法格式：

游标对象.close()

6. 关闭连接对象

关闭连接对象的语法格式：

连接对象.close()

8.6.3 Python 数据库操作实例

在 E 盘的 CSTest 数据库中新建一张学生信息表，表结构为 Student（ Sno, Sname, Ssex, Sbday, Sdept），根据图 8-14 输入学生信息，然后查询学生信息。

```
#1.导入 SQLite3 模块
import sqlite3
#2.打开（连接）数据库，建立数据库连接
conn=sqlite3.connect("E:\\CSTest.db")
#3.创建游标对象
curs=conn.cursor()
#4.使用游标对象的 execute()方法执行 SQL 命令
#新建 Student
#这里的 IF NOT EXISTS 是用于检查数据库中是否存在 Student 表，如果不存在则新建
sql_c1="CREATE TABLE IF NOT EXISTS Student( Sno CHAR(4) NOT NULL, Sname CHAR(16) NOT NULL, Ssex SCHAR(2), Sbday DATE, Sdept CHAR(16),PRIMARY KEY (Sno))"
curs.execute(sql_c1)
#向表中添加数据，可以在一条语句中插入多条记录
sql_i1="INSERT INTO Student VALUES ( '1001', '张鹏', '男', 2002/3/15,'计算机学院'), ('1002', '李莉', '女', 2001/11/28,'美术学院'), ('1003', '刘晓宇', '男', 2002/9/29,'文传学院')"
curs.execute(sql_i1)
#提交之前的操作
conn.commit()
#在 Student 表中查询"计算机学院"的学生信息
sql_s1=" SELECT Sno, Sname FROM Student WHERE Sdept='计算机学院'"
curs.execute(sql_s1)
#将游标移动到第一行
row = curs.fetchone()
#使用循环语句，输出所有查询结果
while row != None:
    print(row)
    row = curs.fetchone()
#查询所有男生的姓名、学院信息
sql_s2=" SELECT Sname, Sdept FROM Student WHERE Ssex='男'"
curs.execute(sql_s2)
result = curs.fetchall()
for row in result:
    print(row)
curs.close()
conn.close()
```